大是文化

小家越住越大

一起體驗
小家變大
魔法！

高手幫家微整型，
客廳永遠不亂、廚房空間多 30%、
小坪數也有衣帽間，
玄關這樣設計，隨你狂買鞋。

地產商萬科集團
前副總建築師
逯薇 ◎著

CONTENTS

CONTENTS

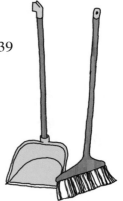

推薦序一
改造居住空間，讓生活更豐富

日本創意生活大師、收納教主／近藤典子

首先祝賀逸薇女士新書出版，這就像是發生在我自己身上的喜事，我心中為此感到無比的喜悅。

所有與生活空間、擺設改造方面有關的知識，都是能讓生命力持續進化的正能量，同時也能帶給自己及家人更多實際的生活體驗。每日累積一點美好的體驗，長久下來也將豐富我們的人生。

逸薇對生活改造上的熱情與思考，加上她長年積累下來的空間改造知識，必將帶給我們更多人生道路上的幸福感，並為生活哲學帶來深遠的啟發和影響。

我有幸能與逸薇相識，非常珍惜這份深厚的善緣，並為她的成就感到驕傲。

（本文作者近藤典子是日本創意生活大師、收納教主，透過不被既有觀念束縛的思路，她在家務勞動、清潔打掃及居家布局等領域創意無窮，至今已解決了 2,000 戶住家的生活煩惱。近年來在韓國和中國亦十分活躍。）

推薦序二
家的換位對話，從即刻開始！

建築空間設計職人／張瑜良

法國哲學家加斯東‧巴舍拉（Gaston Bachelard）曾說：「家是我們最初的宇宙，一個真實的宇宙。」空間設計有如瑜伽的「行法哲學」——斷絕、捨棄、脫離日常中的執著、雜念和俗慮等包袱。空間斷捨離，是讓小家變大的魔法，逯薇的《小家，越住越大》也記錄這份魔法體驗——跟著書中三百餘幅的手繪改造示意圖，一起替家減減肥。

舉凡人們常見的居住煩惱：不脫手的東西太多、家裡太小，而長輩們愛把扔掉的東西撿回家，加上三方惡性循環所形成的矛盾：購買力提升、堆放物越來越多、房價越來越高，讓需求從「不足」跨到「過度」，空間則從「有餘」落到「壅塞」。家的發胖史，於此成形。

其實，想改善空間低坪效的使用狀態，就得勵行家的減肥計畫。文中指出：「空間超飽和、物品爆棚的家，就好比肥胖者超標的血脂，無時無刻不向居住者施加無形壓力。」家的「變大」關鍵，正

是丟棄。

遠薇說，房子可以給人帶來幸福感，我則認為家是一個詩學空間，生物自當擇良木棲居，不外乎追求一種符合科學與人性的和諧關係。

自然的順天應人不無道理，找出形勢與理氣兼具的方位和格局，加上賦予空間美學的設計手法，即能風生水起，創造好居條件，無形中幫助人們卸下煩惱、遠離災厄，不只住得舒服，還能在其中一步步構思美好藍圖，完成人生腳本。

「你如何對待家，家就如何對待你。」呼應作者所言，唯有願意花費心思，用心改造與收納，與家來場換位對話，美好改變將從即刻開始！

（本文作者張瑜良為建築空間設計職人，現任Nice day 美日設計總監，執業迄今已逾二十年，作品多次在市場上獲得肯定。規畫過接待中心、樣品屋、實品屋、豪宅、婚宴會館、診所等。著有《家的對話：好宅設計，美好居家滿分提案》。）

推薦序三
創造屬於自己的居住價值

看屋達人／羅右宸

在現今21世紀的臺灣，我們身處高房價的時代，每多利用一坪空間，省下的房價可能是許多人的年薪。由於居住需求不斷提升，如何有效的利用空間，創造出最高的價值已經是門顯學。

坊間有許多介紹空間美學設計、家具搭配挑選的書籍，但實用性低，無法解決都市人的居住需求。《小家，越住越大》這本書重視生活上的實用功能，從玄關、客廳、廚房、臥室、浴室，甚至到櫃體、化妝檯、燈光、容器收納盒，作者介紹如何不花大錢請設計師也能製造出空間，以及改善生活動線和硬體裝修的範例。

作者認為由「人」改善「房子」，才會形成一個幸福美滿的「家」，缺少任何一個，都無法構成美好的魔法空間，這剛好跟我成立的好生活How Life公司，強調把投資在包裝修繕房屋的錢花在刀口上，為投資人創造最高投資報酬率的理念不謀而合，對於真正使用房屋的消費者而言（買屋者和租

屋族），這也是高性價比的做法。

房子重在體積而不是面積，因此格局規畫比坪數大小重要，兼顧美與實用，才能提升自己與家人的生活品質。期待大家透過此書，在擁擠且房價高漲的都市裡，創造屬於自己的居住價值。

（本文作者羅右宸現為好生活How Life新創企業公司執行董事長，以解決租賃服務市場中，房東與租客資訊不透明的問題，讓年輕人能租到性價比高的租房為核心目標。同時也將幫房東打理老屋、空屋，創造新價值，當作活化市場，提高房屋價值的方式。著有《我25歲，有30間房收租》、《選房、殺價、裝修，羅右宸〔全圖解〕幫你挑出增值屋》、《羅右宸看屋學》。）

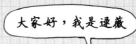
大家好，我是逯薇

你如何對待家，
家就如何對待你

1992 年，我 11 歲。有一天，父母給了我一把鑰匙，讓我自己去看看即將搬入的新家。那間房子位於大廈四樓，總面積大約 27 坪左右。這套小小的三室一廳，是父母努力工作多年購得的小屋，當時沒有到府裝修團隊，更沒有設計師，大部分的裝潢工作，都是父親下班後親手做的。

我打開房門的那一刻，映入眼簾的是考究的木質牆裙（按：在牆上距地一定高度〔例如 1.5 公尺〕範圍之內，用面板等材料包住牆面的設計，具有保護及裝飾作用，現已較少見）、酒紅色的地板，還有乳白色的雙頭壁燈。我按捺不住興奮，心中呼喊：「哇！以後這裡就是我的家了呀？」那份驚喜、充實又溫暖的感覺，至今仍記憶猶新。

從那一刻起，我才意識到，房子是可以給人帶來幸福感的！於是長大後，我很自然的成了一名住宅設計師，過去曾任職於中國最大的住宅地產開發企業萬科集團。

11

　　十幾年來，所有與住宅相關的細分領域（如建築、室內、布置、收納），我都努力學習，希望能把自己兒時對於房屋的那份感動和溫暖，透過這份工作傳遞給更多人。

　　然而，工作的時間越久、設計的房子越多，我卻越苦惱。

　　我苦惱的原因來自於「理想與現實的巨大差異」。當初我設計房屋時，原本以為可以達到「這樣的效果」、或「那樣的便利」，但房客入住後，他們的居住體驗往往不如我所預期。這中間巨大的心理落差，讓我備感困擾。

　　為了真實了解居住者的感受，我常在交屋一段時間後，主動前往部分住戶家中參觀訪談。十幾年來，我已陸續走訪過近千戶家庭。而令我吃驚的是，其中大部分家庭的空間，都處於低效率的使用狀態，非常可惜。

　　有的家，門口、走廊上鞋子堆了一地；
　　有的家，廚房裡連基本的切菜區都沒有；
　　有的家，主臥室衣櫥幾乎被塞到爆炸⋯⋯。

　　慢慢的，我開始明白：家是由硬體的「房子」和軟體的「人」組成的，我只是房子的設計師，永遠不能替代住在房子裡的人。一間房子哪怕設計得再完美，也不過是個供人棲身的「殼」，從把它交付給居住者的那天起，就已經與我無關。

　　現代人若有機會買房，大多是首次置產。居住經驗的匱乏，使他們無論是在買房、裝修，還是在實質的居住體驗中，都難以把握矛盾的真正焦點——房價高、面積小、物品多、居住久。

　　如何才能在這小小的「房子」裡，擁有大大的「家」呢？

　　這既是你的煩惱，也是我的煩惱。

　　你手上這本小書，便是為解決這些煩惱而寫。

　　起初，它只是我漫無目的的幾頁塗鴉，沒想到發布在微信公眾號「家的容器」之後，竟得到不少朋友的認同，關注人數不斷攀升。

　　慢慢的，我開始思考，或許這種分享真的可以

啟發居住者、讓他們擁有一個更好的家。

再後來，從一句句熱情的讀者留言中，我發覺居住者提升自己「軟體」水準，這比我埋頭設計住宅「硬體」重要得多！

這本三百多頁的小冊子，其實最想告訴你的一句話是：「房子本身如何並不重要，重要的是住在裡面的人。」

你如何對待家，家就如何對待你。

第1章

小家變大的四個不等式

——破解四種迷思，迎接最大小家

買不起大房子
＝
忍受局促生活？
NO！

家

My Sweet Home

你是否也和我一樣，離開小小的故鄉，來到都市求學，畢業後扎根在新都市，每天努力生活？

你是否也同我一樣，懷抱著「擁有一個屬於自己的家」的念頭，從無到有，一點點靠近夢想？

你是否也同我一樣，堅定的認為，這小小的家，是自己在偌大都市裡唯一的心靈庇護所？

即使加班到深夜，拖著沉重腳步和疲憊的身體回到家，也能在打開門的瞬間，被暖暖的黃色燈光和軟軟的拖鞋溫柔撫慰。

每天棲身、生活的家，必須舒適、安靜、包容。如何打造只屬於你的那個美麗的家？

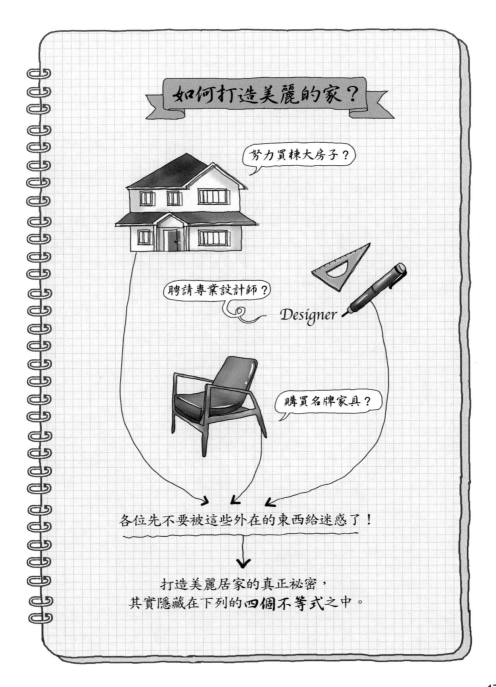

【不等式之一】

House 房子

≠

Home 家

「你買房子了嗎？」

這個問題，對於大學畢業後在某個都市打拚，二、三十歲的年輕人來說，應該很常被問到吧？

身為一位住宅設計師，每一天，我都會聽到與房子有關的對話、看到與房子有關的生活、遇到與房子有關的悲或喜：

「我們快結婚了，但是買不起，只能用租的。」
「我買不起大房子，頂多買間小套房。」
「我考慮明年買，然後把父母接過來住。」

人人都夢想擁有屬於自己的房子。費盡千辛萬苦、可能背負 30 年貸款，但你可曾想過，自己真正想要擁有的，難道只是房子本身而已嗎？

那個灰色的水泥殼子，並不叫做家！

溫暖的陽光灑向光潔的地板、鬆軟沙發旁，盆栽吐露新芽，空氣中瀰漫著早餐的香氣……這才是你一直夢寐以求的、內心深處渴望的家吧？

人可以沒有房子，卻不能沒有家。

能好好住的地方就是家。

19

【不等式之二】

Designer 設計師

≠

Dweller 居住者

「住宅設計師」

身為一名住宅設計師，表面上看起來，我似乎能做一切與住宅有關的事情：

我可以繪製整棟樓的藍圖、規畫房型；
我可以設計、裝修、配置家具；
我甚至能親手縫製窗簾等「軟體設備」。

換句話說，只要有機會，我都會盡我所能，提供客戶最好的解決方案。

但唯有一件事情，我永遠做不到，那就是代替你居住其中。

我在交屋後的訪談中常發現：即使是完全相同的兩間房子，卻總是因為屋主的品味不同，而呈現出天差地遠的居住狀態。換句話說，即使是一模一樣的房型、幾無二致的精緻裝修，只要住進去的人不一樣，屋內風貌便大相逕庭。

假設我所設計的房子可以打 60 分，那麼房屋交付給你後，到底會加分成為 99 分的家，還是倒扣為 45 分的家，完全取決於你「居住智商」的高低。

設計師，只能提供半成品的「住宅」。
居住者，才能搭建獨一無二的「家」。

【不等式之三】

Bigger 住得更大

≠

Better 住得更好

「改善型居住方案」

看到這幾個字，80％的人腦海中都會立刻聯想到「換個更大的房子」。

但，難道住得更大，生活品質就會更好？

我有位朋友曾一針見血的表示：「我終於換了房子，面積大了些，但不知為什麼，人活動的空間一點都沒變大，家裡還是那麼亂。」

其實，改善型居住方案，除了擴大社區範圍、房屋面積、房間數量，或升級衛浴設備等硬體條件之外，同樣需要提升的，是住在裡頭的人居住智商的高低。

就和情緒智商、理財智商一樣，居住智商就是你和住宅的相處之道，它的高低將會決定你的真實居住水準。它與房子的大小、新舊、租賃或自買、地點是否偏僻等都無關，只與居住在其中的人息息相關。

因此，與其煩惱買不起大房子改善居住環境，你還不如好好提升自己內在的居住智商。

這樣，即使不換房子，你和家人也可以享受到改善後的居住品質。

【不等式之四】

$$M^2 \neq M^3$$

家的面積

家的容積

「你有什麼居住煩惱呢？」

「家裡東西太多放不下！」
「儲物空間永遠不夠！」
「房子太小不夠住了！」

　　在幾十年前，社會物質匱乏，很多貧窮家庭被形容為「家徒四壁」。而到了今天這個物質充裕的時代，塞滿了大量無用之物、擁擠不堪的家，反而會給人貧窮的感覺。

　　我去客戶家訪談時，常疑惑這麼好的房子，為什麼沒有發揮真正實力，竟被住成了這副平庸、凌亂的模樣？每個小小的家裡，都塞滿了快溢出來的雜物。在居住這件事情上，最大的考驗大概莫過於此了。

　　的確，現代社會大家都富裕了，一切似乎都可以盡情的大買特買——除了房子。

　　家中的「人」和「物」共存於一個屋簷之下，如果管不好「物」，「人」的生活空間就會被擠壓。本來是給人居住的房子，卻變成了儲物的倉庫，這豈不是本末倒置？

　　解決這個矛盾的辦法，就是「收納」。

第 2 章

惜物，
是最大的浪費

——替家減減肥

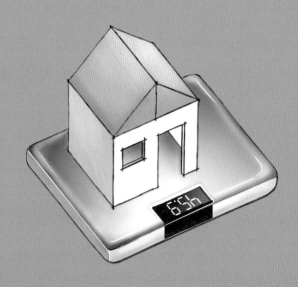

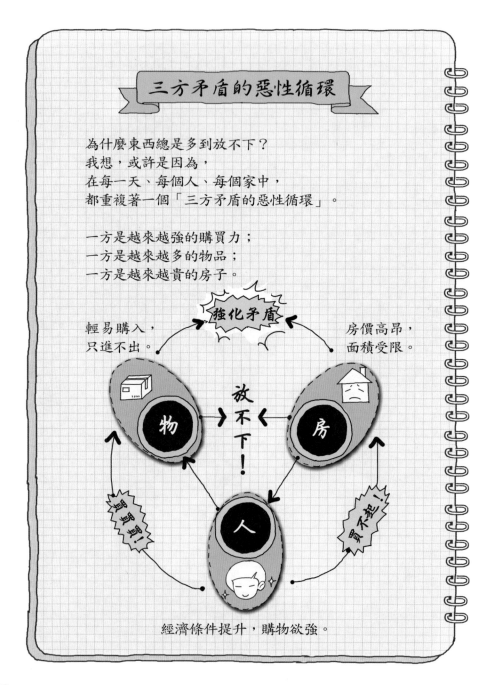

三方矛盾的惡性循環

為什麼東西總是多到放不下？
我想，或許是因為，
在每一天、每個人、每個家中，
都重複著一個「三方矛盾的惡性循環」。

一方是越來越強的購買力；
一方是越來越多的物品；
一方是越來越貴的房子。

強化矛盾

輕易購入，
只進不出。

房價高昂，
面積受限。

物　放不下！　房

買越買越多！

買不起！

人

經濟條件提升，購物欲強。

房子太貴，東西太便宜

東西太多，真的不是你的錯！

畢竟，在過去 30 年間，整個社會物質條件發生了驚人的大逆轉，時代已大不同。

如同我們每天的飲食，從煩惱吃不飽到擔心吃太多，讓人苦惱的事情，已從「不足」變為「過度」。

人可以運動，房子沒法運動

生活條件變好、吃得精緻、零食過量，再加上職場
人士大多工作忙碌、缺乏運動，發胖就在一瞬間！

肥胖及其帶來的各種健康問題，已經成為現代人的
普遍困擾。

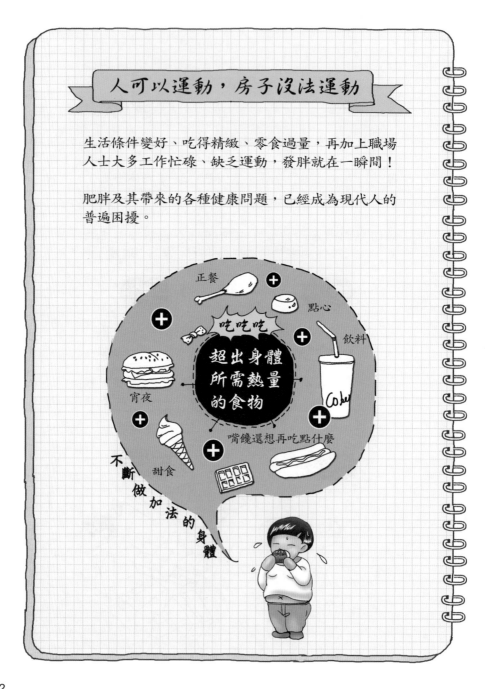

家被你買小了

全球化使得商品種類變得超豐富、各種廣告無所不在，人們的購買實力不斷擴張。每天都在買買買！

前面提過，以前人們會用「家徒四壁」來形容一個家貧窮，但如今買不起大房子的薪水族，租來的小套房裡倒是各種雜物堆積如山……。

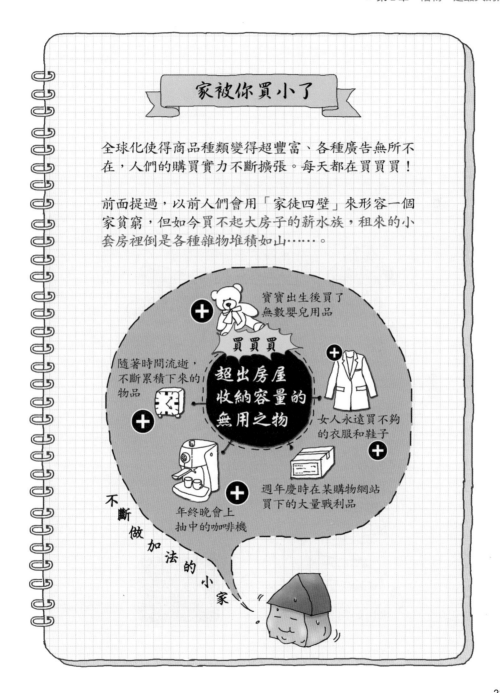

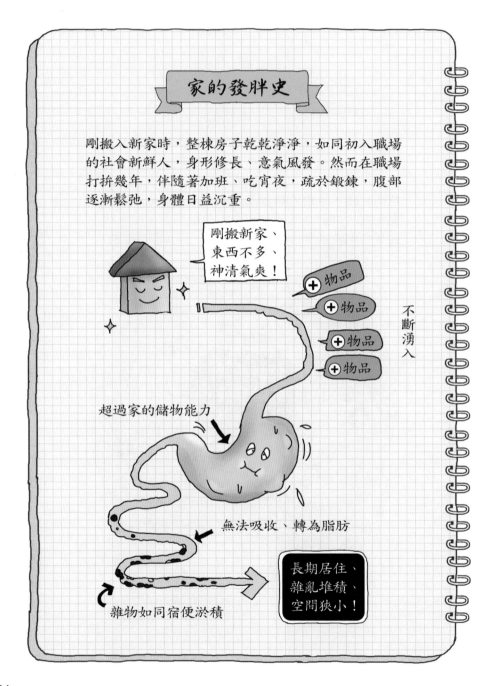

家的發胖史

剛搬入新家時，整棟房子乾乾淨淨，如同初入職場的社會新鮮人，身形修長、意氣風發。然而在職場打拚幾年，伴隨著加班、吃宵夜，疏於鍛鍊，腹部逐漸鬆弛，身體日益沉重。

剛搬新家、
東西不多、
神清氣爽！

＋物品
＋物品
＋物品
＋物品

不斷湧入

超過家的儲物能力

無法吸收、轉為脂肪

雜物如同宿便淤積

長期居住、
雜亂堆積、
空間狹小！

我的發胖史

我從小就是個瘦瘦的女孩子，大學畢業時也不過45公斤。工作十幾年，陸陸續續長了些腰，幸好贅肉藏得還算隱密，勉強維持 M 號的身材。

我的最愛~

2013 年的秋天，我忽然迷上了輕乳酪蛋糕，每天下午都跑到公司隔壁的蛋糕店買一塊當下午茶。結果不到兩個月，我的身材已如同吹氣球一般變得渾圓飽滿，體重到達人生顛峰——55 公斤！

由於我個子比較矮，55公斤的效果驚人。當時我所有的舊衣服都沒辦法穿，要買 XL 號才能穿得上。看著自己的水桶腰、大象腿，我真的無法忍受了！

必須減肥！

我的減肥方法很簡單

緊繃的衣服令人不爽、腰間的贅肉讓人不快。我無意冒犯「微胖界」人士，是我本身不堪承受發胖的壓力，所以選擇讓自己變瘦。

發胖是加法的過程，變瘦則是減法的結果。無論是節食或是做有氧運動，只要使攝取的熱量少於消耗，以減法逐步甩掉贅肉，人就會自然而然的瘦下去。

我的減肥方法很簡單，堅決不吃晚飯（餓過一開始的半個月就不會餓了），每天做適量的有氧運動（幾公里慢跑），前後大約持續了半年。

2014 年的春天，當我的減肥人生邁入第 7 個月時，體重終於重回高中時代的 43 公斤，不但能穿進零碼的小裙子，走起路來更是輕盈不少。這個體重一直維持至今，幾乎從未復胖。

55

壓力
決心
堅持

瘦回閃電身型

43

7個月後

人瘦下來家開始變大

人人都說減肥難，其實真心想瘦，哪有瘦不下來的道理？最怕一邊嚷著：「我要減肥、我一定要減肥。」還一邊毫不客氣的低頭大吃。

換句話說，你不是不能瘦，而非真心想瘦。

減肥方法有千千萬萬種，我始終認為，最好的方法就是「少吃多動」。既然發胖是因為過度加法，那麼減肥當然就是減法。

不要老想著依賴藥物、器械之類的捷徑，也不要被「7 天狂瘦 10 公斤」之類的廣告用語迷惑。只要每天少吃一頓飯、多跑幾步路，搭配數月的時間，寬鬆的褲腰自然會告訴你「恭喜辦到了」。

事實上，自從人瘦了以後，我的精神確實好了不少，走路時感到身體輕盈，從小不愛運動的習慣也改了，開始懂得享受運動出汗帶來的快感。

身體做了減法，便能如獲新生。

LESS IS MORE

少即是多

開始家的減肥

衝著自身減肥成功帶來的動力，我順勢開始了家的「減肥」。

我的家，面積不大（約30坪），家裡人卻不少（足足有6個人），居住了五、六年後，累積了數量驚人的雜物，擠爆家裡原本充裕的收納空間。但人人都強調這些東西總有用得到的一天，即使我想丟掉一些物品，也很難執行。住久了，所有人都對凌亂視而不見，大家逐漸麻木。

某天，我打開頂上收納櫃的瞬間，被上頭一股腦兒掉落的物品狠狠砸了一下。

那一刻，我終於意識到，如果繼續這樣下去，只怕連氧氣，都得從物品夾縫中努力吸取才能獲得。

痛！

空間飽和、物品爆棚的家，就好比肥胖者超標的血脂，無時無刻不向居住者施加無形壓力。

從那天起，我開始學會 **丟棄**。

丟棄家的「贅肉」

羨慕那些狂吃卻不會發胖的大胃王，就如同羨慕有錢人家的大別墅。

既然無法擁有這些條件，就得設法努力，使自己的身體不再肥胖，讓自家的小屋告別擁擠。

家的減肥，如同人的減肥一樣，節食必須先於運動、丟棄必須先於收納。

「減」是最基本、最重要的。

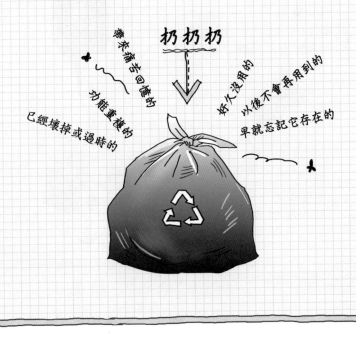

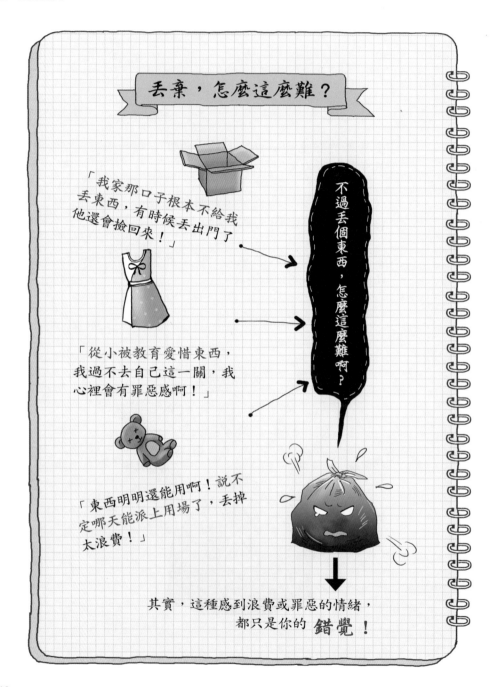

丟棄，怎麼這麼難？

「我家那口子根本不給我丟東西，有時候丟出門了，他還會撿回來！」

不過丟個東西，怎麼這麼難啊？

「從小被教育愛惜東西，我過不去自己這一關，我心裡會有罪惡感啊！」

「東西明明還能用啊！說不定哪天能派上用場了，丟掉太浪費！」

其實，這種感到浪費或罪惡的情緒，都只是你的 錯覺！

千辛萬苦買下小窩

以下，一起來算算有關「價值和價格」的帳吧。

「HOME 花園」

開盤即售罄，
緊急加碼，
限時特惠。

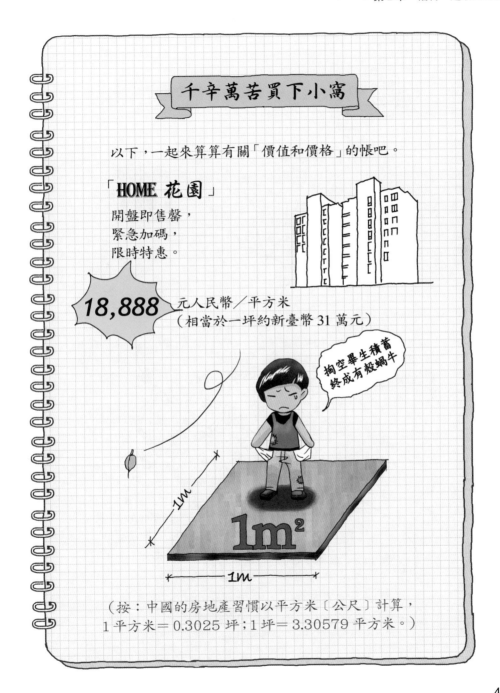

18,888 元人民幣／平方米
（相當於一坪約新臺幣 31 萬元）

掏空畢生積蓄
終成有殼蝸牛

1m

1m²

1m

（按：中國的房地產習慣以平方米〔公尺〕計算，
1 平方米 = 0.3025 坪；1 坪 = 3.30579 平方米。）

惜物……使雜物成了家的主人

到底是家，還是舊貨倉庫？

兩年後
1m²

東西實在太多了，
家裡永遠放不下！

上一輪市場大好時
買的炒股祕笈。
300 元

別人贈送的紀念
品，至今只打開
看過一次。
免費

剛出社會工作時
買的便宜登機箱，
至今已閒置數年。
640 元

促銷時加價購買
的廣告扇子。
10 元

兩年前買的連身衣裙，
不合身，極少穿。
1,490 元

家堆滿雜物才是浪費！

　　房子是世界上最昂貴的生活必需品，要支付高昂費用、可能背負 30 年以上的貸款，購買它本是作為家庭的容器，卻慢慢淪為廉價雜物的倉庫，這難道不是不尊重房屋價值嗎？這種「買貴用少」的行為，才是人生當中最大的浪費吧？

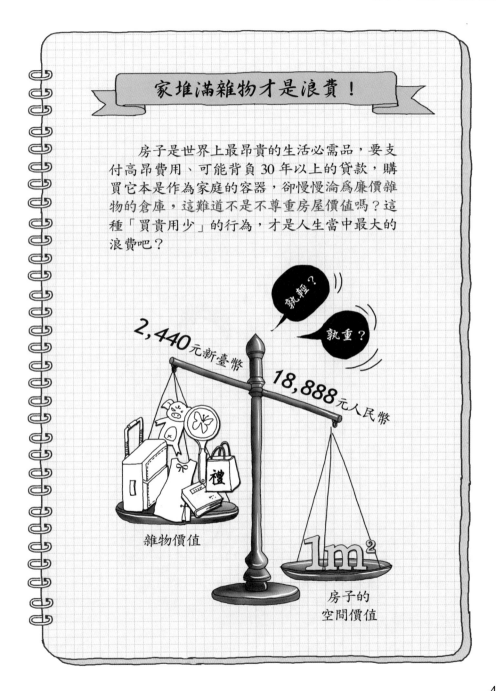

罪惡感來自於本能的抗爭

哺乳動物吃食物，轉化為脂肪囤積在身體內，是為了抵抗未來食物不足引發饑荒的風險。減肥之所以艱難，是因為這與我們求生存的本能相悖。

好吃，好喝，好開心

NO！
～肚子咕嚕叫～
節食好痛苦！

買買買！

捨不得丟，有罪惡感

同樣的道理，人類累積可用的物品，潛意識裡也是為了以備不時之需。丟棄無用之物之所以令人惋惜，只是與天生占有欲對抗所產生的不適而已。

想想那種痛快感

　　如果以上說法仍然無法說服你丟棄雜物，不妨這樣想一想：

　　如果你真心想要那個苗條的自己，那麼身體就一定能變輕盈。

　　如果你真心想要取回舒適的居住空間，那麼家也一定能瘦下來。

　　現在我的家比起「減肥」前，大約減少了三分之一的東西。每次打開櫃子後，仍有大量的空間可以存放物品。

　　這種遊刃有餘的寬鬆感，就像我在兩年前慢慢瘦下來的過程中，發現褲腰明顯變寬的痛快。

　　為身體減去負累，就如同為家丟棄多餘的雜物。

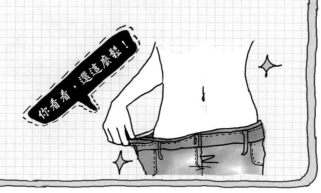

你看看，還這麼鬆！

減肥得到的，
不僅是瘦身，更是**自信**。

丟棄得到的，
不僅是空間，更是**從容**。

別再猶豫了，下定決心，
從今天起，

開始家的減肥！

第 3 章

收與露

—— 可用空間大三倍的竅門

看到收納二字就會頭痛！

我家收納空間太小！

我不擅長收納！

收納太麻煩了！

做起來很辛苦！

累

煩

努力收拾完，結果一下子又亂了！

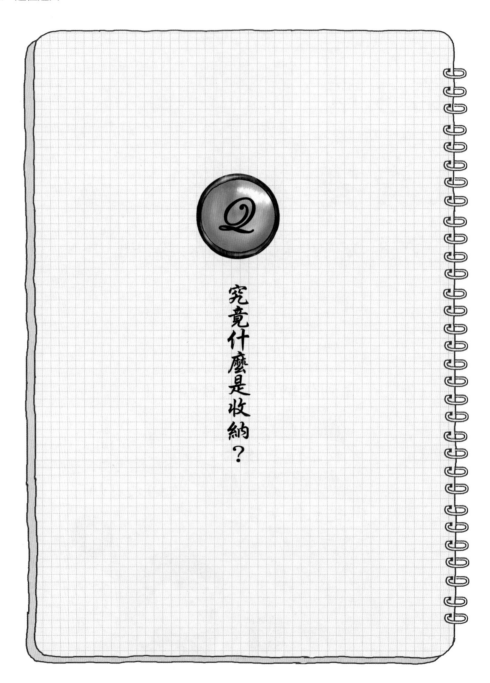

究竟什麼是收納？

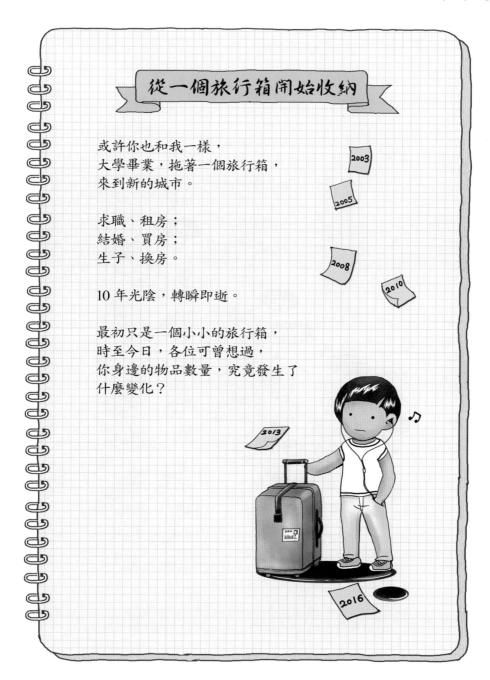

從一個旅行箱開始收納

或許你也和我一樣，
大學畢業，拖著一個旅行箱，
來到新的城市。

求職、租房；
結婚、買房；
生子、換房。

10 年光陰，轉瞬即逝。

最初只是一個小小的旅行箱，
時至今日，各位可曾想過，
你身邊的物品數量，究竟發生了
什麼變化？

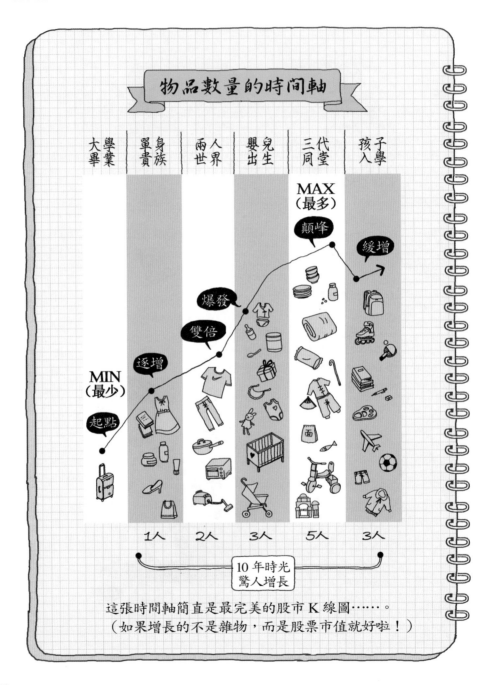

這張時間軸簡直是最完美的股市 K 線圖……。
（如果增長的不是雜物，而是股票市值就好啦！）

雜物相當於 300 個登機箱！

在漫長的歲月裡，隨著生命軌跡的演進，需要收納的物品類型和數量也發生了重大變化，東西越來越多、越來越雜。

儘管食品會被吃完、鞋子會被穿壞、垃圾會被丟棄，但絕大多數的住宅，自從有人搬入那天起，就持續做著

加法、加法……。

持續 10 年的加法之後，
在穩定生活的情況下，一間總面積
100 平方米左右（約 30 坪）的小窩，
平均需要收納的物品體積約為

10 立方米。

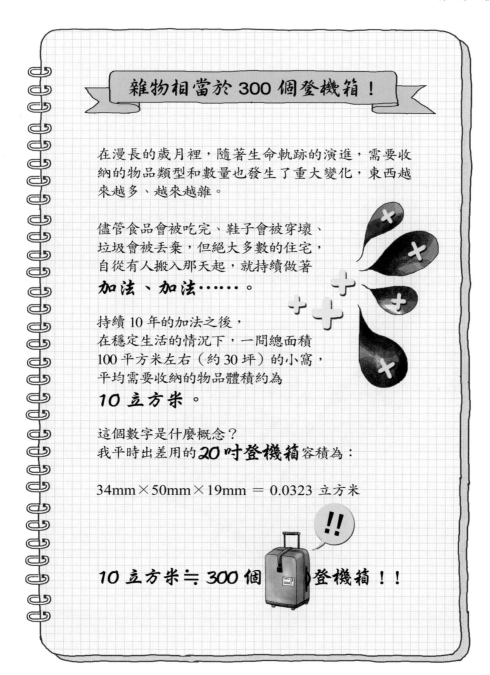

這個數字是什麼概念？
我平時出差用的 **20 吋登機箱** 容積為：

34mm × 50mm × 19mm ＝ 0.0323 立方米

!!

10 立方米 ≒ 300 個　　　登機箱！！

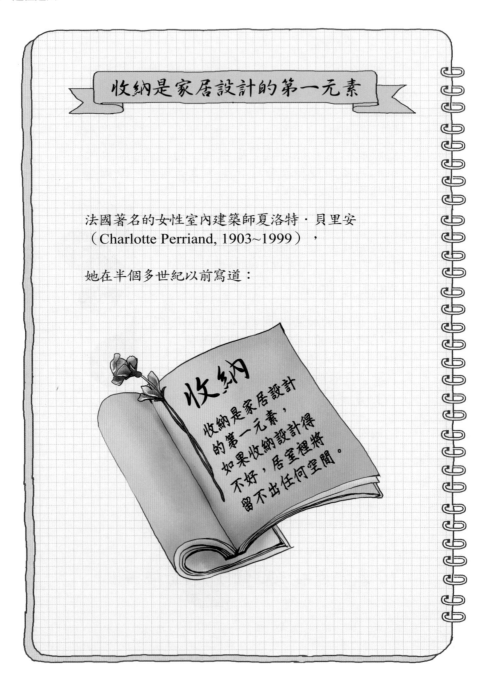

收納是家居設計的第一元素

法國著名的女性室內建築師夏洛特·貝里安
（Charlotte Perriand, 1903~1999），

她在半個多世紀以前寫道：

收納

收納是家居設計
的第一元素，
如果收納設計得
不好，居室裡將
留不出任何空間。

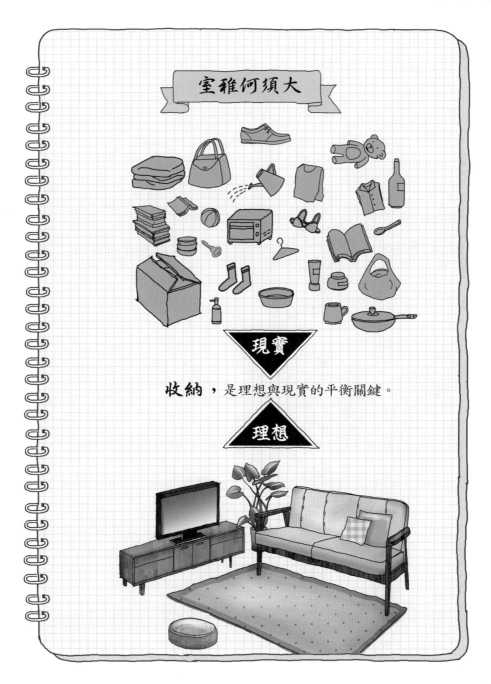

室雅何須大

現實

收納，是理想與現實的平衡關鍵。

理想

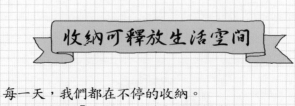

收納可釋放生活空間

每一天，我們都在不停的收納。
收納，如同「空間的磁碟容量碎片整理」。

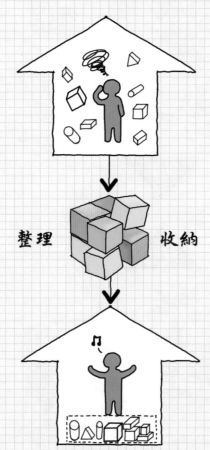

整理　　　　收納

電腦硬碟用久了，文件的儲存位置會變得凌亂，導致使用效率下降。

磁碟容量的碎片整理，就是把這些零散的空間全數收集起來，整合成一個連續且高效的儲存區域。

空間利用也是同樣的道理。所謂收納，就是把零星的物品和鬆散的空間進行整理或壓縮，釋放出不被占用的大塊完整空間，因而能更有效率的存放、管理物品。

收納是一種人生態度

與收納相關的「空間」，並不一定指建築物內部，也可能是一個背包或電腦的文件夾（folder）。換句話說，凡是由工具來歸置物品的行為，包括數位等虛擬訊息，都可歸入「收納」範疇。

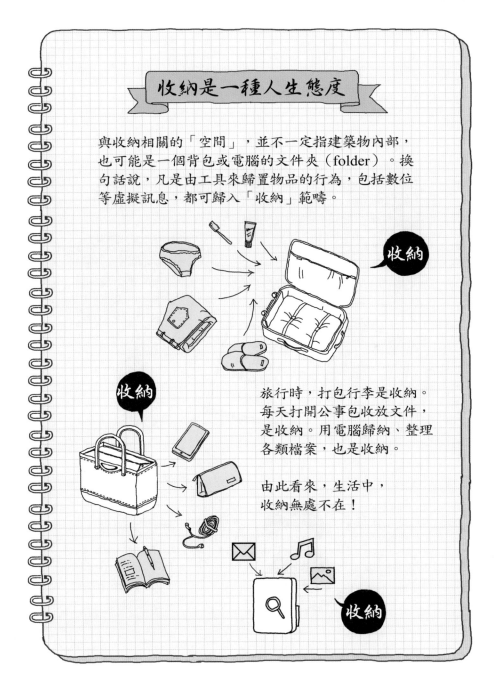

收納

收納

旅行時，打包行李是收納。每天打開公事包收放文件，是收納。用電腦歸納、整理各類檔案，也是收納。

由此看來，生活中，收納無處不在！

收納

收納很難、很麻煩？

你是否也覺得收納很困難？

其中很大的原因，大概是各位平常獲得太多「錯誤的收納情報」帶來的誤導。例如，很多暢銷的收納書，裡頭的目錄往往長這樣：

每章分成不同的空間講解，每個空間都有大量的要點和技巧、並以圖示表現。

超級收納技巧

1、玄關收納
2、客廳收納
3、廚房收納
4、冰箱收納
5、衣櫃收納
6、書房收納

死記硬背的 **題庫**？

好複雜，竟要記住這麼多要點？

重點也太多了吧！

聯考都沒這麼認真！

儘管內容看似翔實，但若真要一步一步著做，卻很容易令人退縮。

買了神器＝解決問題？

再舉個例子，當你逛網拍或大賣場時，
是不是常看到這樣的廣告訊息：

能瞬間把凌亂梳妝檯
變整齊的收納盒！

日本進口機能鞋架
可節約一半空間！

我全部都想買！

床底收納箱

多功能藥品箱

強力壓縮袋

通風滴水刀具架

……

但是！

儘管這些商品功能強大，但大多只
是「頭痛醫頭、腳痛醫腳」，並沒
有從根本解決收納問題！

收納，其實很簡單！

與其死背一堆技巧、瘋狂採買各種神器，
還不如**確實掌握核心原理**！

以武功來比喻的話，所有的拳法招式、刀槍棍棒都
是外家功夫。唯有內功心法，才是所有武俠小說男
主角 Level Up 的關鍵！

這位小兄弟，我看你骨骼
清奇、本性純潔，我這裡
有本神功祕笈，你拿去
修練吧。

融匯一本真經，
勝過畢生苦學！

《收納九陰真經》

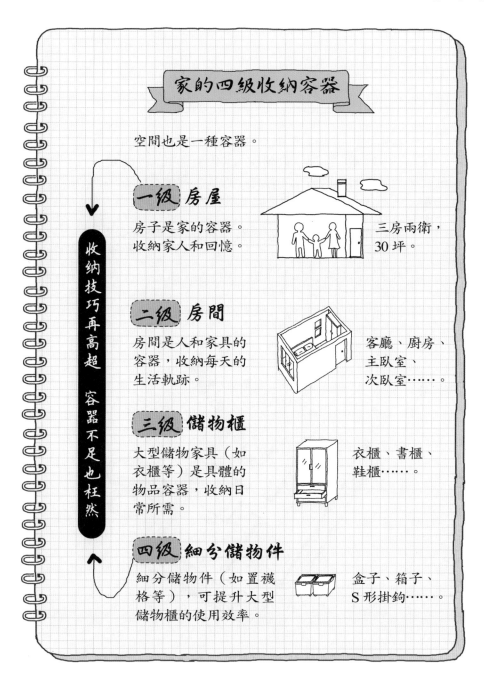

家的四級收納容器

空間也是一種容器。

一級 **房屋**

房子是家的容器。收納家人和回憶。

三房兩衛，30坪。

二級 **房間**

房間是人和家具的容器，收納每天的生活軌跡。

客廳、廚房、主臥室、次臥室……。

三級 **儲物櫃**

大型儲物家具（如衣櫃等）是具體的物品容器，收納日常所需。

衣櫃、書櫃、鞋櫃……。

四級 **細分儲物件**

細分儲物件（如置襪格等），可提升大型儲物櫃的使用效率。

盒子、箱子、S形掛鉤……。

收納技巧再高超　容器不足也枉然

收納規則

如同上一頁所述，顯然，前三級的大型收納容器
——房屋、房間、儲物櫃，其配置高低，是決定一
個家收納成敗的基本條件。其實，即使房子不大，
只要妥善安排儲物空間，收納量也能很充裕。

而妥善安排儲物空間的關鍵，就是 **收納規則。**
••••

大家有被這個專業詞彙嚇到嗎？
別擔心，你只需要準備

螢光筆和剪刀，就能輕鬆搞懂！

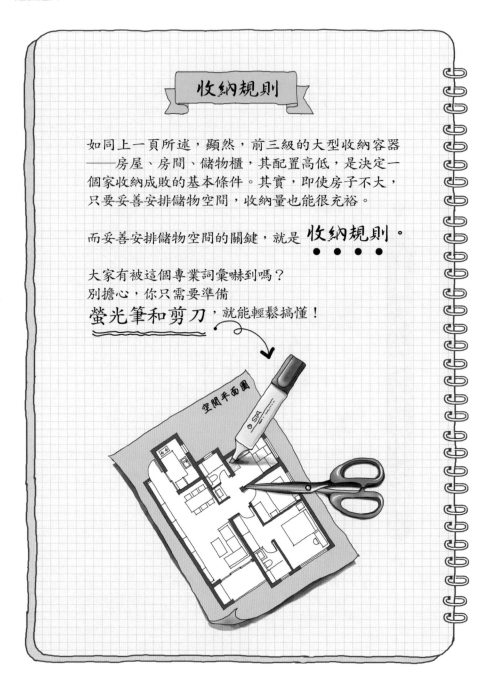

空間平面圖

櫃子的填色遊戲

用螢光筆將你家的平面圖中，所有的大中小型櫃子（如固定的壁櫃、廚房櫥櫃、浴室櫃、大衣櫃等）全部塗上顏色。但小型低矮的活動家具（如茶几、床頭櫃等）不在此列。

OK！塗完啦！

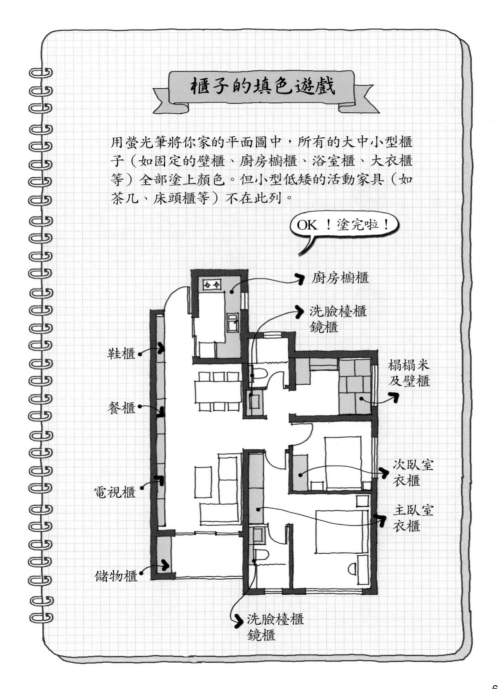

廚房櫥櫃

洗臉檯櫃
鏡櫃

榻榻米
及壁櫃

鞋櫃

餐櫃

次臥室
衣櫃

電視櫃

主臥室
衣櫃

儲物櫃

洗臉檯櫃
鏡櫃

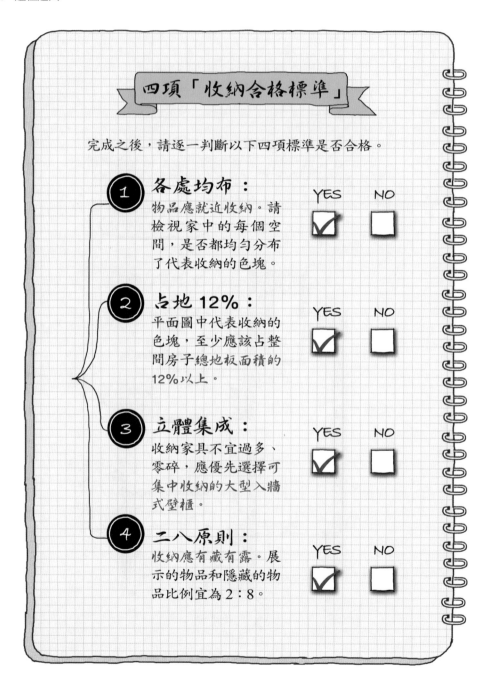

四項「收納合格標準」

完成之後，請逐一判斷以下四項標準是否合格。

1 各處均布：
物品應就近收納。請檢視家中的每個空間，是否都均勻分布了代表收納的色塊。

YES ☑   NO ☐

2 占地 12%：
平面圖中代表收納的色塊，至少應該占整間房子總地板面積的 12% 以上。

YES ☑   NO ☐

3 立體集成：
收納家具不宜過多、零碎，應優先選擇可集中收納的大型入牆式壁櫃。

YES ☑   NO ☐

4 二八原則：
收納應有藏有露。展示的物品和隱藏的物品比例宜為 2：8。

YES ☑   NO ☐

第一項標準：各處均布

① 各處均布

家裡的每個空間都要安排收納區域。

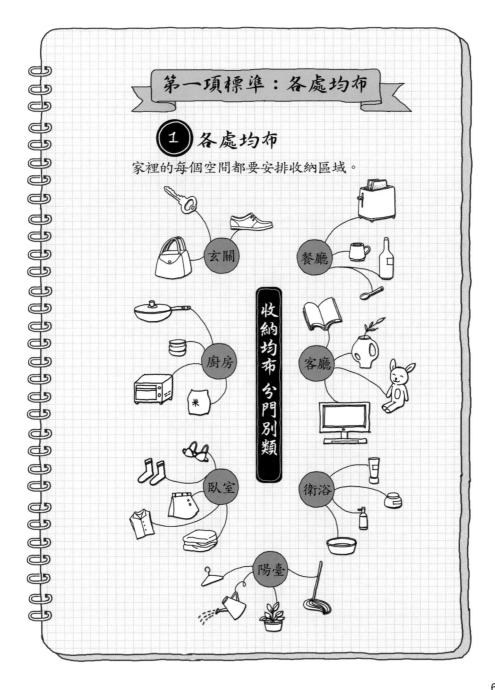

收納必須「各處均布」，這第一項標準聽起來有點廢話。我之所以特意強調，是因為大部分人都沒有搞懂這件事。

舉個例子，常聽到有朋友抱怨：「我家根本沒有多餘的收納空間了，如果能有個超大的儲物間就好了！」嗯，有個超大的儲物間，聽起來好像還不錯，不過呢，儲物間只能解決一小部分的收納煩惱，絕不可能斬草除根。

因為即使有了儲物間，你也不可能把每天要穿的鞋子、把廚房的食品、把浴室的臉盆等全放進去。

有儲物間雖然好，但往往只能收納大件的閒置品而已。因為每個空間需要的物品不同，所以應遵循的原則，應該是在使用位置附近就近收納、各處均布，而非全部集中於儲物間。

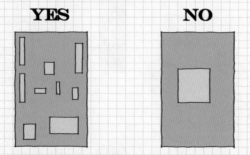

以螢光筆塗色的「平面規畫圖」中，從玄關到陽臺、從客廳到臥室，每一個空間內都應均勻分布代表收納的色塊，這就是正確的做法。

就近原則

收納內容和使用空間，大致是「一個蘿蔔一個坑」的關係。唯有就近收納，你才不會偷懶。

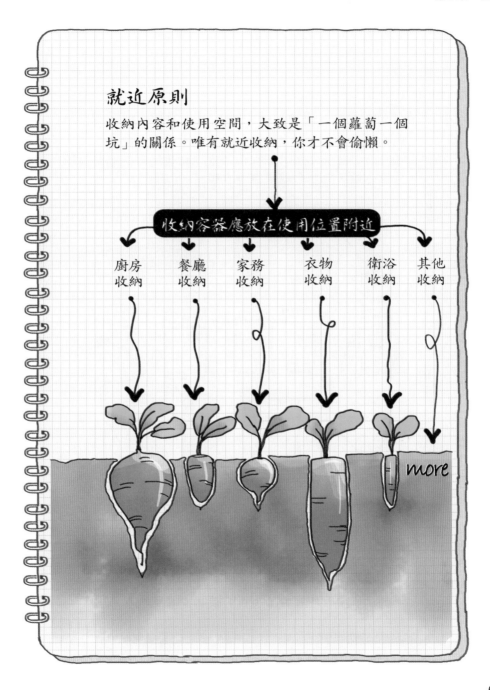

收納容器應放在使用位置附近

廚房收納　餐廳收納　家務收納　衣物收納　衛浴收納　其他收納

more

舉個例子，我家只有我有熨衣服的習慣，掛燙機過去都放在後陽臺家務區（考慮用水用電方便）。每次使用時都要把衣服從主臥室搬到後陽臺，總覺得很麻煩，也越來越懶得熨衣服。

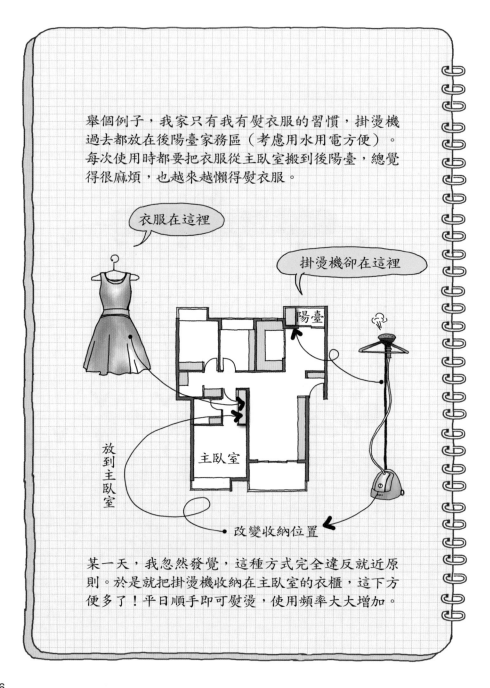

衣服在這裡

掛燙機卻在這裡

陽臺

放到主臥室

主臥室

改變收納位置

某一天，我忽然發覺，這種方式完全違反就近原則。於是就把掛燙機收納在主臥室的衣櫃，這下方便多了！平日順手即可熨燙，使用頻率大大增加。

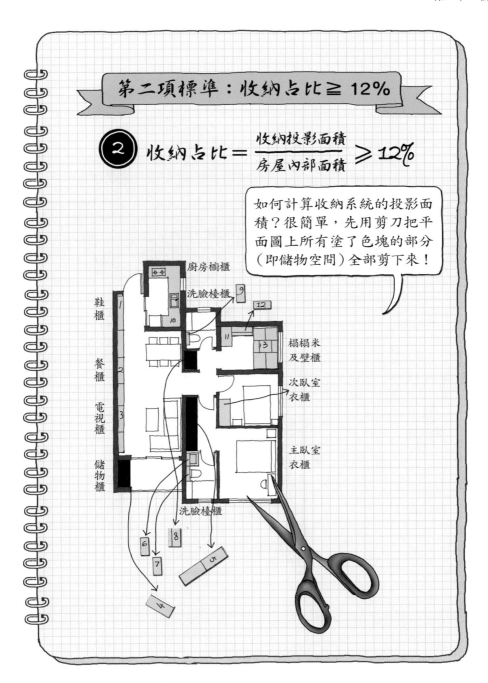

第二項標準：收納占比 ≧ 12%

② 收納占比 ＝ $\dfrac{收納投影面積}{房屋內部面積}$ ≧ 12%

如何計算收納系統的投影面積？很簡單，先用剪刀把平面圖上所有塗了色塊的部分（即儲物空間）全部剪下來！

廚房櫥櫃

洗臉檯櫃

鞋櫃

餐櫃

電視櫃

儲物櫃

榻榻米及壁櫃

次臥室衣櫃

主臥室衣櫃

洗臉檯櫃

然後，把所有剪下來的色塊小紙片，像拼圖一樣，盡量整齊湊在一起，放置在住家平面圖上。

各位瞧瞧，把紙片拼起來後，就很容易目測收納系統的占地比例啦！不用做到非常精確，但腦海中一定要大致有個概念！

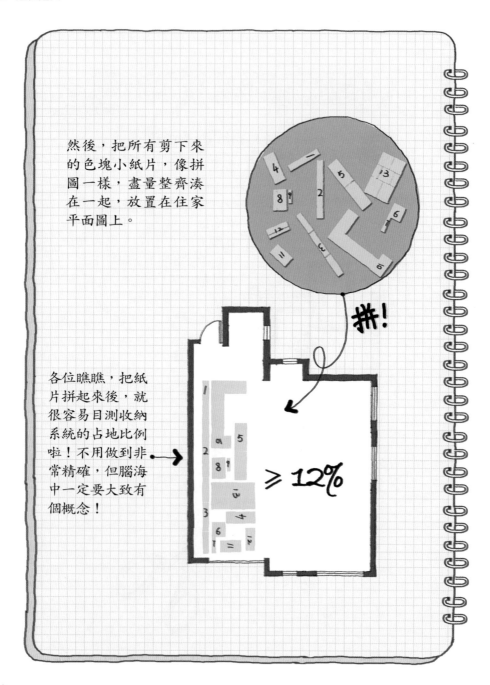

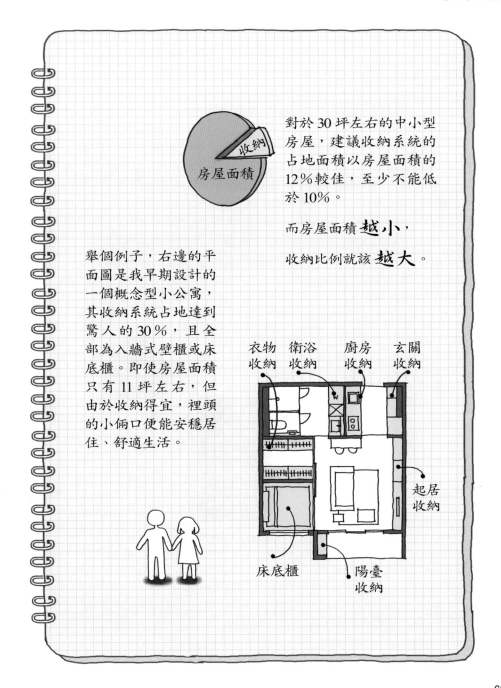

對於 30 坪左右的中小型房屋，建議收納系統的占地面積以房屋面積的 12％較佳，至少不能低於 10％。

而房屋面積**越小**，

收納比例就該**越大**。

舉個例子，右邊的平面圖是我早期設計的一個概念型小公寓，其收納系統占地達到驚人的 30％，且全部為入牆式壁櫃或床底櫃。即使房屋面積只有 11 坪左右，但由於收納得宜，裡頭的小倆口便能安穩居住、舒適生活。

收納

房屋面積

衣物收納　衛浴收納　廚房收納　玄關收納

起居收納

床底櫃　　陽臺收納

收納＝內建儲存空間

曾有人不解的問我：「收納系統占這麼多空間，會不會有點浪費？」其實，只要把收納視為房屋的「內建儲存空間」，就能正確理解兩者的關係。

無論電腦還是手機，人人都希望內建儲存空間越大越好。如果你希望電子設備使用一、兩年後仍能流暢操作，就應該以擁有大容量儲存空間的機型為主。

住宅，也是如此。

再以日本為例，他們是世界公認住宅精細化程度最高的國家，當地土地價格昂貴，經濟發達。由於日本女性婚後大多為全職主婦，收納在日本住宅中極受重視。

左下圖是一張典型的日式住宅平面圖，其面積換算成國內標準大約 30 坪左右（此數值包含估算的公設面積）。

再看右下的收納空間拼合圖，大家可以很清楚的看到，日式住宅收納系統占地的比例驚人，遠超過 15%。

反觀國內的住宅，由於建築設計、室內設計、收納設計幾個環節，都早在交屋時就已設定完畢，偏偏真正考慮到收納規則的建築師少之又少。

而室內設計師和收納專家著手改造時，拿到的房屋結構早已確定、不易修改，即使有意改造收納空間，也往往心有餘而力不足。

市場上很多住宅（甚至已裝潢過的豪宅），收納量都少得可憐。房屋設計圖看起來都差不了多少，缺乏長遠的考量。這樣的房子，外表看似光鮮亮麗，實際住不了幾天就會被塞得滿滿、雜亂不堪，連帶的也讓房屋在外觀上顯得老舊。

實際上，唯有妥善收納，才能避免室內凌亂、從視覺上替住宅減齡。

歲月是把殺豬刀，
這句話對我也適用……。

第三項標準：立體集成

③ 立體集成

假設你搬進一個新家，過了一段時間，感覺東西太多、收納不足，於是，又到大賣場買了一個櫃子；過了一年，老人家搬來同住，又購入了一個五斗櫃；過了三年，小孩出生，又多買了好幾個塑膠抽屜櫃……。

收納規畫的大忌 ←

家庭成員陸續增加，你買了一堆櫃子，然而並沒解決問題，反而占據了不少空間，小房子變得更加擁擠。

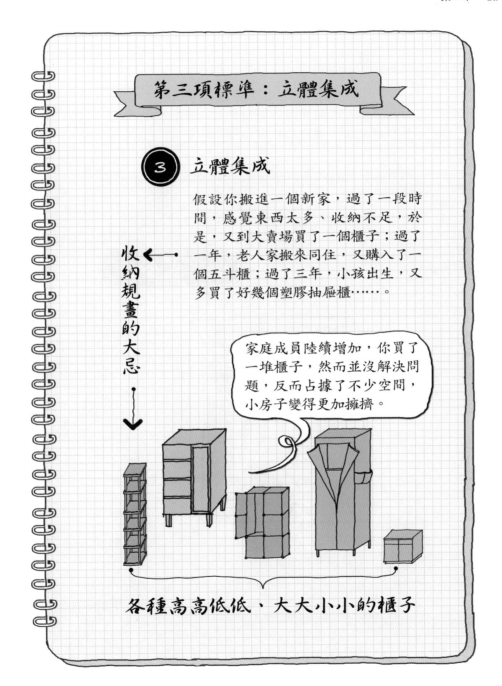

各種高高低低、大大小小的櫃子

由此可知，「既然收納面積要大，那麼櫃子買越
多越好」，這個觀念絕對大錯特錯！

判斷收納規則的第三項標準：
櫃子不是越「多」越好，
而是越能「**立體集成**」越好。

關鍵字 1：**立**

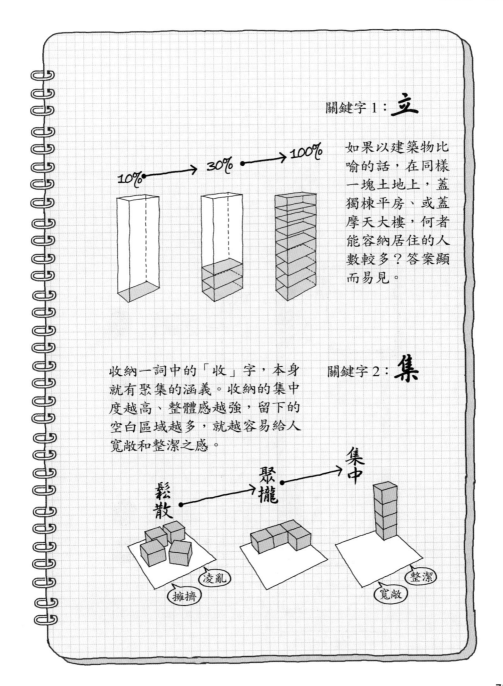

如果以建築物比喻的話，在同樣一塊土地上，蓋獨棟平房、或蓋摩天大樓，何者能容納居住的人數較多？答案顯而易見。

收納一詞中的「收」字，本身就有聚集的涵義。收納的集中度越高、整體感越強，留下的空白區域越多，就越容易給人寬敞和整潔之感。

關鍵字 2：**集**

因此，「立體集成」的真諦，其實是「在小小的占地面積中，盡可能的拓展出最大容量」。與其選擇好幾個小型零星的儲物家具，還不如盡量採用高效率的集成壁櫃。

以下就用一個餐廳通客廳的布局為例。面積大約 27 坪左右，為一般公寓住家的標準配置。

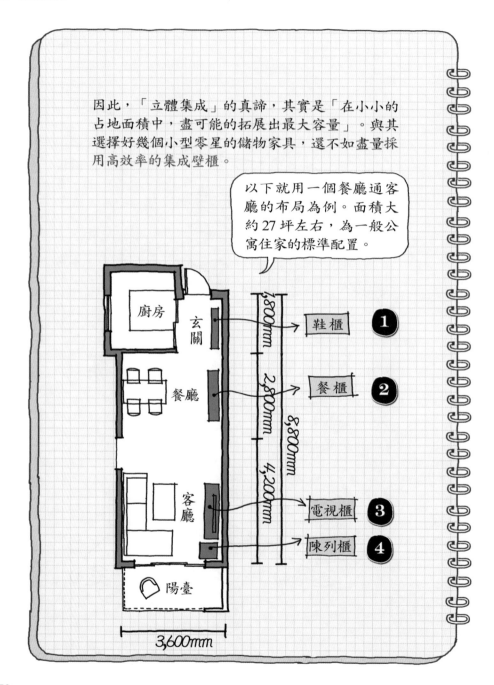

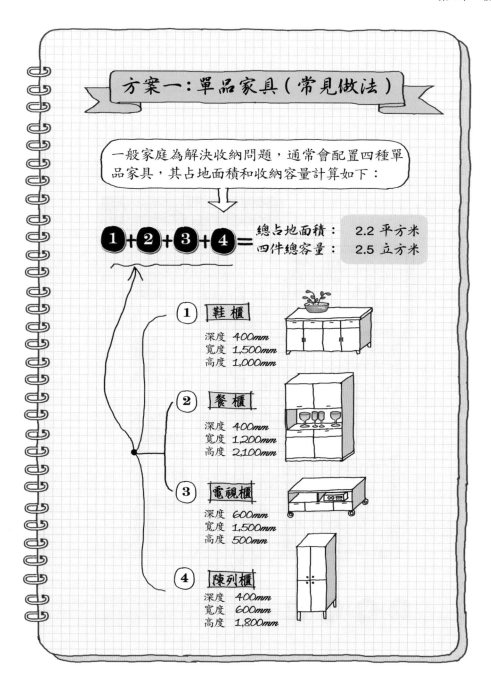

方案一：單品家具（常見做法）

一般家庭為解決收納問題，通常會配置四種單品家具，其占地面積和收納容量計算如下：

❶+❷+❸+❹= 總占地面積： 2.2 平方米
四件總容量： 2.5 立方米

① 鞋櫃
深度 400mm
寬度 1,500mm
高度 1,000mm

② 餐櫃
深度 400mm
寬度 1,200mm
高度 2,100mm

③ 電視櫃
深度 600mm
寬度 1,500mm
高度 500mm

④ 陳列櫃
深度 400mm
寬度 600mm
高度 1,800mm

方案二：集成壁櫃（建議做法）

比起常見的方案一，在此提供第二種解決方案。首先你得改變思路，沿著玄關、餐廳、客廳的牆面，打造一整組頂天立地的大型壁櫃。

請將本書逆時針旋轉 90 度

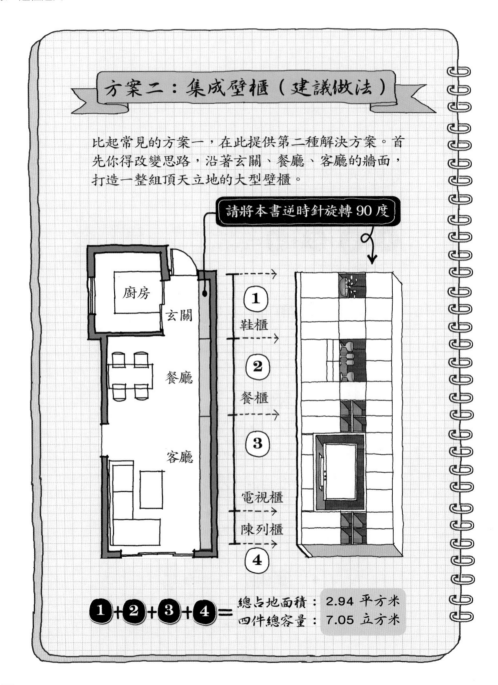

廚房
玄關
餐廳
客廳

① 鞋櫃

② 餐櫃

③ 電視櫃

④ 陳列櫃

❶+❷+❸+❹= 總占地面積：2.94 平方米
四件總容量：7.05 立方米

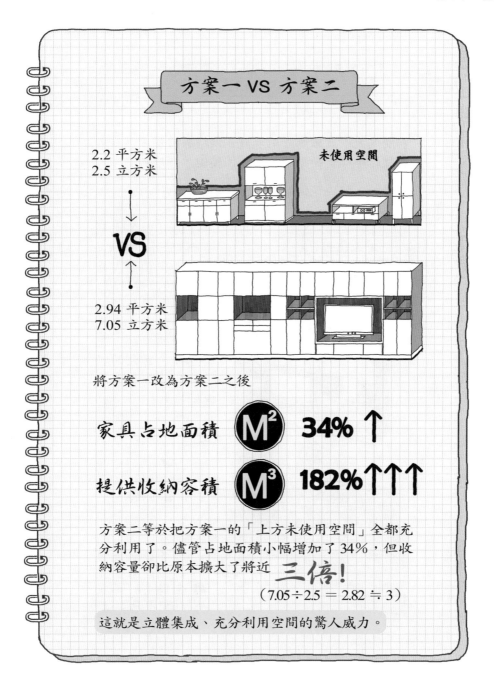

方案一 VS 方案二

2.2 平方米
2.5 立方米

未使用空間

VS

2.94 平方米
7.05 立方米

將方案一改為方案二之後

家具占地面積 **M²** **34%** ↑

提供收納容積 **M³** **182%** ↑↑↑

方案二等於把方案一的「上方未使用空間」全都充分利用了。儘管占地面積小幅增加了34%，但收納容量卻比原本擴大了將近 **三倍！**

（7.05 ÷ 2.5 ＝ 2.82 ≒ 3）

這就是立體集成、充分利用空間的驚人威力。

如何消除厚重感和壓迫感？

有朋友說：「雖然改用壁櫃可以增加容量，但我不喜歡這麼厚重的櫃子，感覺很壓迫，怎麼辦？」

別擔心，解決這個問題，**三招就夠！**

第一招：
嵌入牆體

這樣的大型集成壁櫃，儘管外型龐大，只要事先預留「嵌入式」的凹槽空間，就能與周遭牆體貼齊——櫃體完全嵌入預留的空間、完美隱身。巨大的櫃身就此消失，成為輕盈的平面。

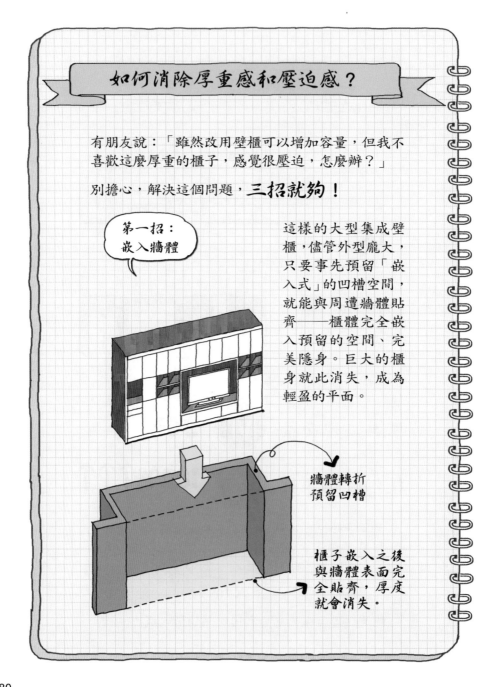

牆體轉折預留凹槽

櫃子嵌入之後與牆體表面完全貼齊，厚度就會消失。

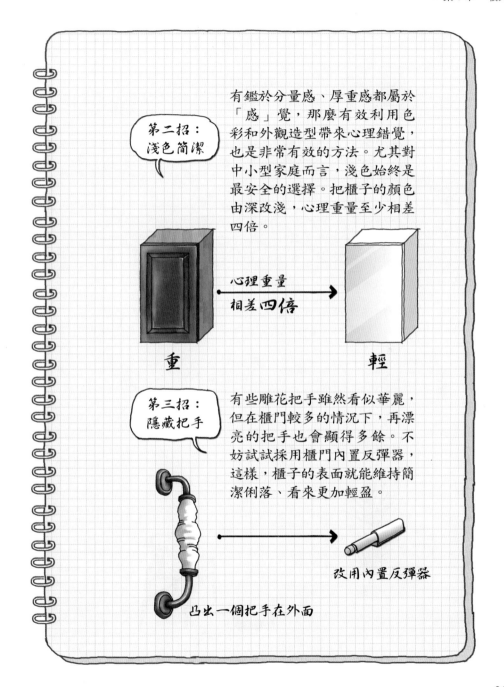

第二招：
淺色簡潔

有鑑於分量感、厚重感都屬於「感」覺，那麼有效利用色彩和外觀造型帶來心理錯覺，也是非常有效的方法。尤其對中小型家庭而言，淺色始終是最安全的選擇。把櫃子的顏色由深改淺，心理重量至少相差四倍。

心理重量
相差四倍

重　　　　　　　　　輕

第三招：
隱藏把手

有些雕花把手雖然看似華麗，但在櫃門較多的情況下，再漂亮的把手也會顯得多餘。不妨試試採用櫃門內置反彈器，這樣，櫃子的表面就能維持簡潔俐落、看來更加輕盈。

改用內置反彈器

凸出一個把手在外面

壁櫃嵌入牆，如同隱身的巨人

我個人不太喜歡把櫃子做得過於華麗花俏，最推薦純白、無把手（櫃門用內置反彈器）、大平板門的大型嵌入式壁櫃。

收納櫃，對於室內空間而言，應該只留下低調的背影，而非聒噪的主角。它給你的是居住的正能量，帶來輕鬆和整潔，卻不喧賓奪主、過分強調自己的存在。

如同阿拉丁神燈裡的巨人，需要時才會出現，完成任務後便「砰」的一聲瀟灑消失。

關上門整體隱身
打開門容量驚人

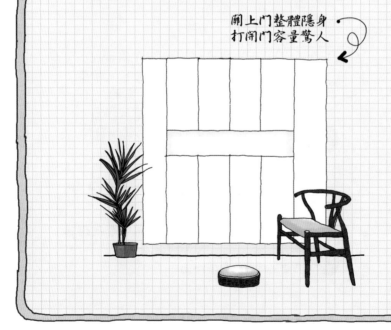

第四項標準：二八原則

 二八原則

有的朋友會抱怨：「我已經很努力在布置家裡了，為什麼看起來還是不夠漂亮？」

其實，問題或許就出在你沒有遵守「二八原則」。客廳放眼望去，滿眼都是零碎的小物品——孩子的玩具、舊拖鞋，以及堆在茶几上的紙巾、茶杯和遙控器，沙發上也堆滿外套……即使有美麗的陳列擺放其中，也早被凌亂的雜物無情淹沒，無法給人帶來愉悅的視覺感受。

各位不妨換個想法，把家想像成一座音樂廳。一般的音樂廳為了確保聲音傳遞的效果，特別講究隔音設計。倘若室外大馬路上轟隆隆的車聲、前廳裡孩子們的吵鬧聲、後勤區拖曳道具的刺耳聲，全部聲聲入耳，那無論臺上演奏的樂曲多麼美妙，也全成了惱人的噪音。

隱藏 **80%** 的亂，才能展露 **20%** 的美。

好看、常用的大方露，不該出現的藏起來。
有藏有露的二八原則，可以運用在家裡任何角落。

藏 80%　露 20%

易亂的日用品

毫無美感的物品

不常使用的物品

季節性物品

裝飾品或收藏品

最常使用的物品
（frequently used things）

其實人會覺得「雜亂」或者「清爽」，
是由進入視線的「物品訊息量」決定的。

訊息越多，越容易覺得雜亂；
訊息越少，越讓人感覺清爽。

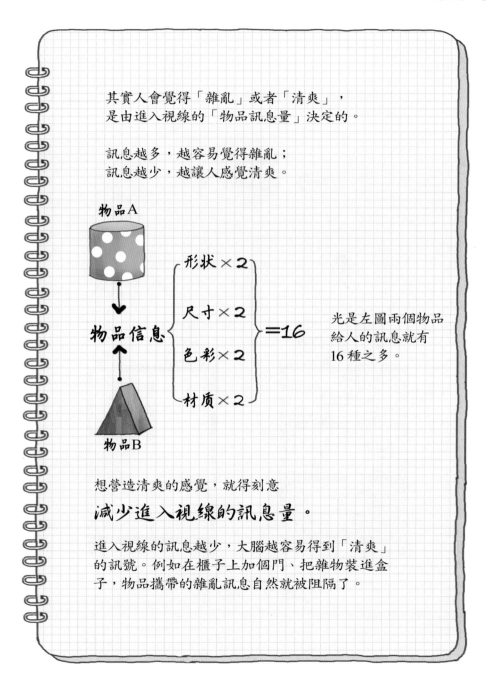

物品A

物品信息

形狀×2

尺寸×2

色彩×2

材质×2

＝16

光是左圖兩個物品
給人的訊息就有
16種之多。

物品B

想營造清爽的感覺，就得刻意

減少進入視線的訊息量。

進入視線的訊息越少，大腦越容易得到「清爽」
的訊號。例如在櫃子上加個門、把雜物裝進盒
子，物品攜帶的雜亂訊息自然就被阻隔了。

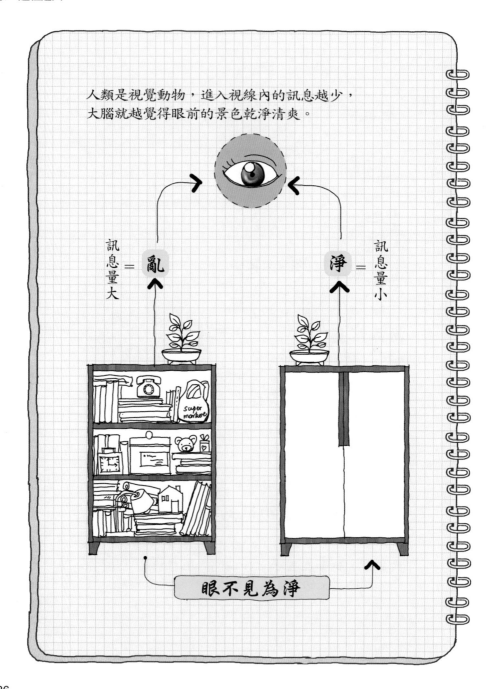

人類是視覺動物，進入視線內的訊息越少，
大腦就越覺得眼前的景色乾淨清爽。

訊息量大 ＝ 亂

淨 ＝ 訊息量小

眼不見為淨

物品全露，擺滿醜陋

在樣品屋或者高級飯店看到這樣的壁架，
應該有不少人會怦然心動吧？

全都露 = 全展示

雖然我也喜歡全敞開式壁架擺滿書本、看來大器非
凡的視覺效果，但一般住家畢竟不是樣品屋、更不
是五星級飯店——在真實的生活中，每天都不斷有
新的雜物增加，很難保證每件新增物品都如樣品屋
飾品般簡潔美麗。

假如你就是喜歡這種「全都露」的收納櫃，那就要
勤於整理，把它當作展示架來使用。凡是不夠漂亮
的物品，絕不能放上去。否則，擺著積灰塵事小、
視覺上顯得凌亂才是真正的大問題！

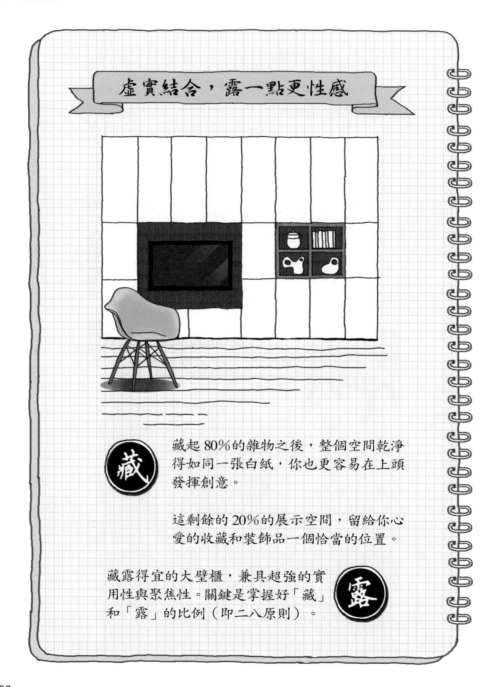

虛實結合，露一點更性感

藏起 80% 的雜物之後，整個空間乾淨得如同一張白紙，你也更容易在上頭發揮創意。

這剩餘的 20% 的展示空間，留給你心愛的收藏和裝飾品一個恰當的位置。

藏露得宜的大壁櫃，兼具超強的實用性與聚焦性。關鍵是掌握好「藏」和「露」的比例（即二八原則）。

只展露視覺焦點，才叫真的美

展示的關鍵在於：
將少量物品慎重的安置在視覺中心。

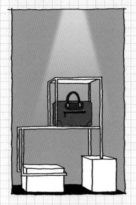

各位不妨回想一下，當你走進精品店，偌大的店內，只展示出為數不多的幾個包包，在美妙的燈光下閃閃發亮，一時之間有種走進美術館的錯覺……似乎底下標示的天文數字價格也因此合情合理了。

而真正的美術館，其陳列方式大多是：空曠的大廳盡頭，純白的牆面上掛著一幅小小畫作。乍看之下好像浪費空間，實際上，唯有如此，才能吸引最多觀眾去仔細欣賞作品的美，而不是被其他多餘的因素分散注意力。

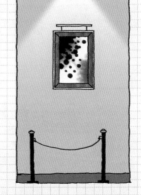

如果你的收藏、裝飾品特別多，那麼不妨學學美術館或博物館的做法，只陳列其中一部分，並定時更換一批新的上去，給人耳目一新的感覺。千萬不要一股腦兒的全部擺出來——又不是跳樓大拍賣，展示得越多反而越顯廉價！

全部隱藏，徒增使用不便

話雖如此，在某些使用頻繁的空間裡，如果所有物品都被藏起來，反而會帶來不便。畢竟人都是懶惰的，那些較常使用的物品，每次都要從櫃子裡拿出來再放回去實在麻煩。此時，適度的把部分物品放在外面會更便利。

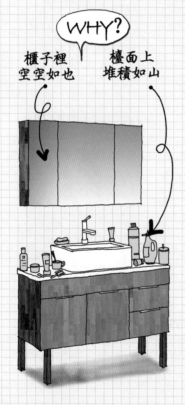

WHY?

櫃子裡
空空如也

檯面上
堆積如山

有一年，我回訪客戶時，發現一個令人很困惑的問題：住戶的新房裝潢已提供了一個超大容量的鏡櫃，但是住戶家裡的洗臉檯上仍放滿了瓶瓶罐罐，而櫃子裡卻有大量閒置空間。

受訪者對此的回答是：「每次洗臉都要打開鏡櫃拿東西，太麻煩了，還不如全放在檯面上。」

類似的問題，也同樣存在於玄關和廚房。人們更在意是否有「伸手即可得」的便利，而將整潔排在第二順位。

使用頻繁的空間如何收納？

找到問題根源之後，我便開始依據二八原則，替之後的新房子設計廚房、衛浴間、玄關和廚房這四個使用頻率較高的空間。

使用頻率較高的空間，最大特點就是需要同時進行多種操作（例如下廚時洗菜同時煮湯）。因此，設計預留固定比例的無櫃門全露收納區，可放置那些每天都在使用的物品，並省去反覆開關櫃門的麻煩；也可以一邊進行手上的工作、一邊取放物品，使得動作更加順手、並提高效率。

中間的鏡子後方為隱藏收納，兩側開放格則為全露收納。

上層為隱藏收納，下層為全露收納，放置常用鞋和拖鞋。

二八原則可應用至各層面

露與藏的二八原則，不僅對於壁櫃之類的大型收納裝置有效，活動式家具也非常適用。

以茶几為例：

對於客廳而言，茶几有著如同「圓環」般的樞紐意義。無論是看電視、休息或喝茶，你會用到的物品大部分都放在茶几上。

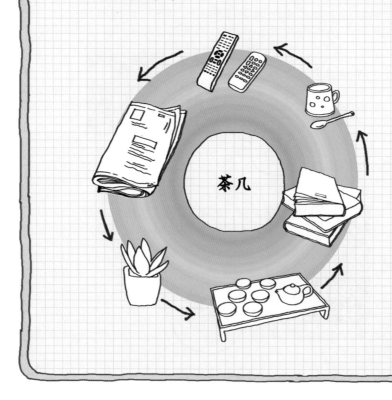

茶几

客廳凌亂的關鍵在茶几

在居家賣場或網拍選購茶几這類小型活動式家具時，人們在意的點往往是價格、款式、風格、作工，很少將收納功能列為必要考慮因素。

輕盈的玻璃茶几，剛買回家時很漂亮，可用不了幾天就變成下圖這副模樣……。

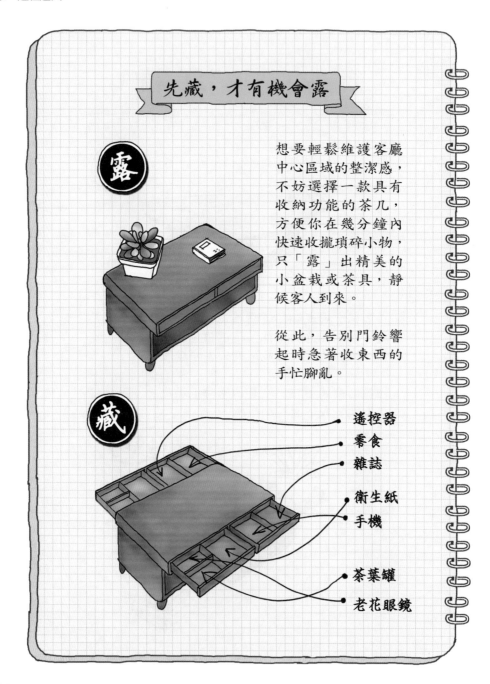

先藏，才有機會露

露

想要輕鬆維護客廳中心區域的整潔感，不妨選擇一款具有收納功能的茶几，方便你在幾分鐘內快速收攏瑣碎小物，只「露」出精美的小盆栽或茶具，靜候客人到來。

從此，告別門鈴響起時急著收東西的手忙腳亂。

藏

遙控器
零食
雜誌
衛生紙
手機
茶葉罐
老花眼鏡

收納，是為了隱惡揚善

收納的目的，不外乎「隱惡揚善」。

因此，就「藏與露」的原理而言，如果你想把一個普通的家，變得精緻、美好、令人讚嘆，

那首先你必須：

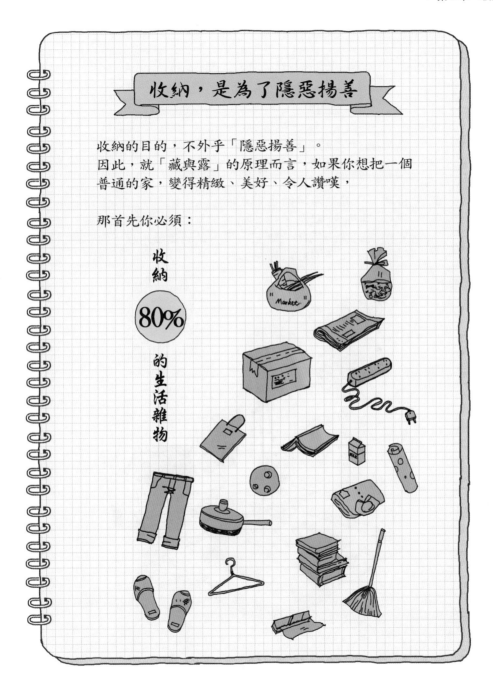

收
納
80%
的
生
活
雜
物

把美凸顯出來

當你把 80％ 的雜物都收起來，就有更多空間可以
展示美麗的擺設。例如：

得到一張乾乾淨淨的桌布之後，
花心思擺上一瓶花、精心挑選一盞檯燈、
買幾個刺繡的抱枕、鋪上一張美麗的編織地毯。
——看，你的家可以如此美好！

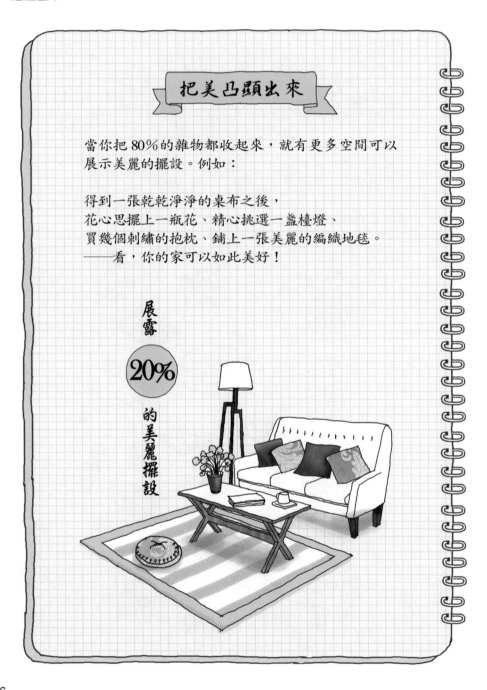

展露 20% 的美麗擺設

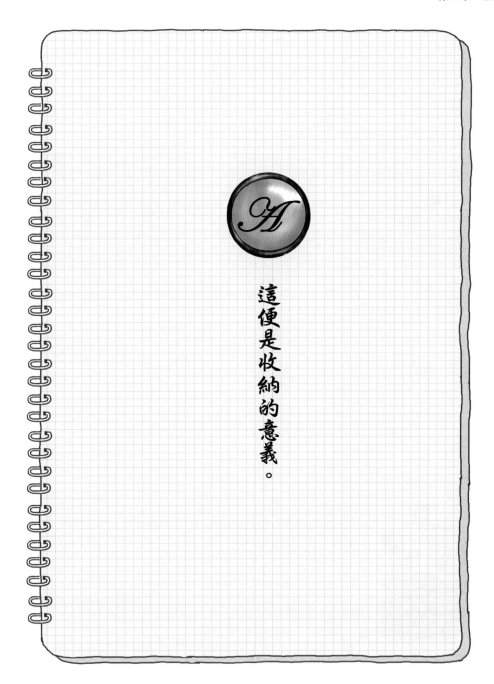

這便是收納的意義。

第 **4** 章

收納箱
反而成了亂源
——怎麼買、怎麼用？

我曾經是個「盒子控」

我曾經非常著迷於各式精緻的包裝盒。

「買櫝還珠」的成語故事告訴我們，千萬不可像故事主角那樣輕重不分。我卻在心中暗暗不服氣：「喜歡盒子有什麼錯？」

從小到大，每次見到漂亮的包裝盒，我都會忍不住保留下來。

一直以為是自己的怪癖，直到大學時才發覺，原來身邊的女孩子竟人人都是「盒子控」！

「木蘭之櫃，熏以桂椒，綴以珠玉，飾以玫瑰，輯以羽翠……」哇！這盒子非買不可！

古代

禮物盒、茶葉盒、月餅盒……哇，每一個都好漂亮！我全都要留下來！

現代

如今，我卻愛扔盒子

與過去截然不同，如今的我，拿到任何有包裝
的物品，大至一袋米，小到一枚胸針，我做的
第一件事情，竟然是——

立刻把原來的包裝丟掉！

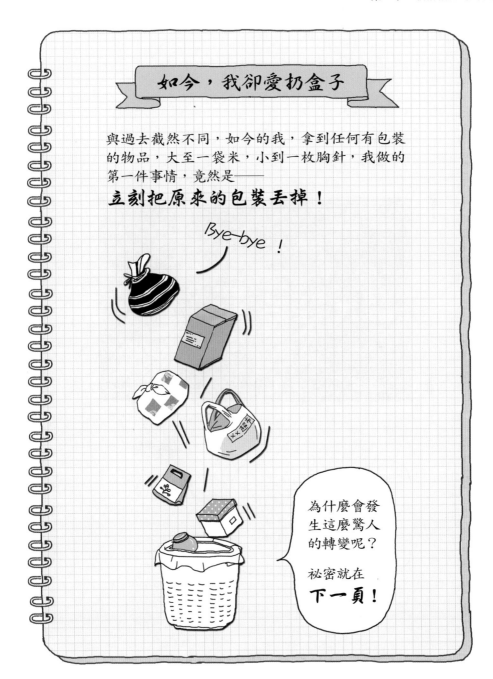

Bye-bye！

為什麼會發
生這麼驚人
的轉變呢？

祕密就在
下一頁！

讓小家變得有如居家雜誌般清爽的
祕密公式！

統一容器，
不可思議的威力！！

公式：

凌亂
物品 ＋ 統一
容器 ＝ 瞬間
整潔

請大家牢記這個公式！
幾乎家裡每個亂糟糟的
角落，都能從這個公式
推演出收納難題的解決
之道。

統一容器的小實驗

我曾在朋友圈裡做過一個小實驗，
我找了 200 個好友展示了下面兩張圖，
並提了三個問題：

請用三個詞描述這張圖。

Q1:

Q2:

請用三個詞描述這張圖。

Q3:

如果這是你房間的一角，
你覺得哪種情況比較容易打掃？

面對這三個問題，眾人的答案大抵相同。

我把 Q1 和 Q2 的回答中，重複率最高的幾個詞彙，分別整理如下：

而針對 Q3 的回答，結果則是壓倒性的傾向第二張圖，大家普遍認為圖二的狀況比較利於打掃。

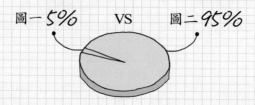

事實上，圖一和圖二各有 5 個容器，容器中究竟收納了哪些物品，問題中並沒有提及。因此，評論者的判斷依據，顯然只與一個要素有關——

容器的外觀。

> 越混雜，越顯亂；
> 越統一，越整潔。

收納的捷徑——就是統一容器

如果說收納有捷徑的話，
「統一容器」必是其中**最近的一條！**

無論多麼混亂的雜物，只要全部裝進外觀統一的
容器，就能瞬間釋放出清爽整潔的正能量。

換句話說，不論多麼惱人的收納問題，只要活用
這條祕密公式，便能迎刃而解。

從下頁開始，我將列舉三個生活中常見的收納難
題，替各位示範統一容器的神奇功效。

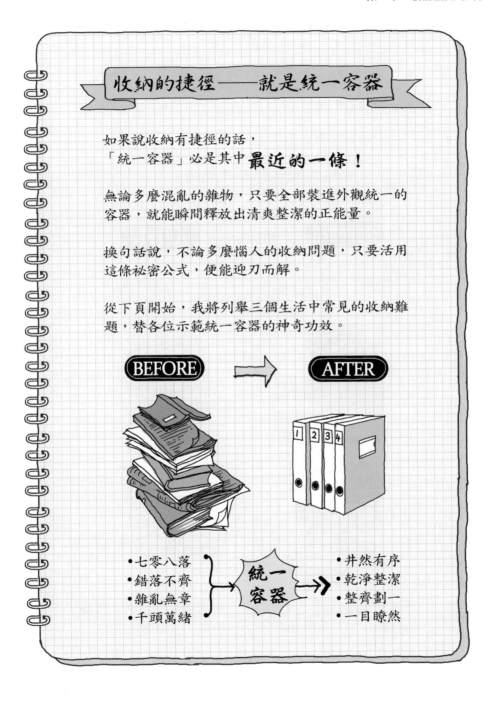

BEFORE ➡ AFTER

- 七零八落
- 錯落不齊
- 雜亂無章
- 千頭萬緒

統一容器 ➡

- 井然有序
- 乾淨整潔
- 整齊劃一
- 一目瞭然

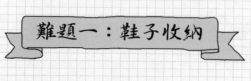

難題一：鞋子收納

「原鞋配原盒！鞋盒不要扔！」
「鞋盒收納法──拍照片貼在盒外！」
你是不是也曾被這些說法打動過？
現在該是改變的時候了！

BEFORE ➡ **AFTER**

顏色混亂　堆疊易倒　　　　外觀統一
　　　　　占用空間　　　　　　簡潔清爽
大小不一　無法確認鞋子狀況　集中高效
　　　　　　　　　　　　　　　易於拿取
　　　　　　　　　　　　　　清晰可見

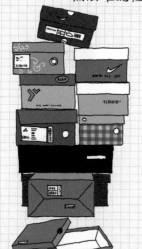

翻蓋式：
想拿下面的盒子，得先把
上面的移開，非常麻煩。

抽屜式：
每個鞋盒均可獨立輕鬆
抽出，毫不費力。

難題二：浴室收納

總覺得衛浴間收拾得不乾淨？
瓶瓶罐罐看了就亂？

BEFORE　　儘管瓶子單獨看很漂亮，
　　　　　　但各廠牌瓶子堆在一起，
　　　　　　就成了一片混亂！

AFTER　　花點小錢買套可重複利用
　　　　　　的替換瓶，統一使用同款
　　　　　　容器，衛浴空間瞬間清爽
　　　　　　到難以置信！

統一替換瓶後，空間中的物品訊息變少，瓶子的
存在感減弱、壓迫感消失，眼前瞬間乾淨清爽。

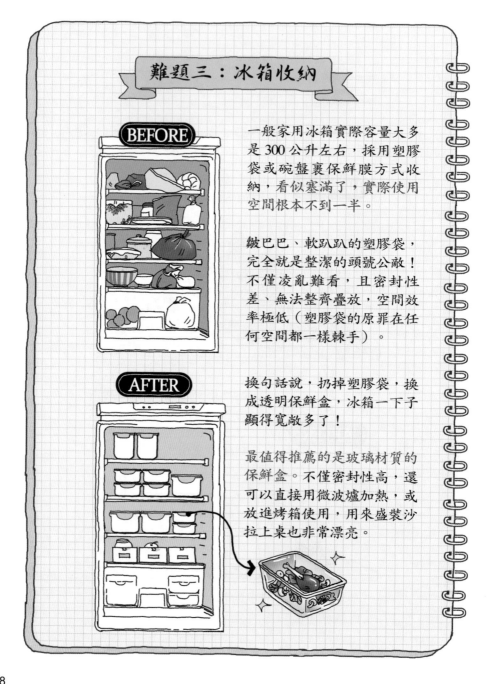

難題三：冰箱收納

BEFORE

一般家用冰箱實際容量大多是 300 公升左右，採用塑膠袋或碗盤裹保鮮膜方式收納，看似塞滿了，實際使用空間根本不到一半。

皺巴巴、軟趴趴的塑膠袋，完全就是整潔的頭號公敵！不僅凌亂難看，且密封性差、無法整齊疊放，空間效率極低（塑膠袋的原罪在任何空間都一樣棘手）。

AFTER

換句話說，扔掉塑膠袋，換成透明保鮮盒，冰箱一下子顯得寬敞多了！

最值得推薦的是玻璃材質的保鮮盒。不僅密封性高，還可以直接用微波爐加熱，或放進烤箱使用，用來盛裝沙拉上桌也非常漂亮。

「統一容器」的標準為何？

所謂統一，當然是能一模一樣最好。

形狀固定

尺寸統一

色彩協調

材質相近

變化越少越好

簡單來說就是，若是文件夾，就選用同一款式的；衣服收納袋，選用同一規格的；食品收納罐，則購買同一系列的。

如果你買不到完全一樣的容器，那麼，至少要在尺寸、色彩、形狀、材質上要盡量相近。

聽起來很簡單？做起來可沒那麼容易！

右邊這個畫面是我在一個朋友家中看到的，房間小角落裡的 6 個塑膠衣箱，竟然就有 5 種不同的色彩、款式和高度。

這位朋友老跟我抱怨：「不知為什麼，我總覺得屋裡亂亂的。」是呀，因為光是容器本身就已經夠讓人眼花撩亂了！

容易買到才容易統一

延續上一頁的話題，這種混亂感是由於你多次隨機購買造成的。最簡單的應對方法，就是一口氣買上好幾個一模一樣的容器備用。但是，我們往往不能準確判斷到底需要幾個，也不能預測以後是否還有需求，所以我對這些統一收納容器的挑選原則為：

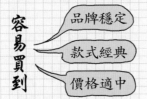

容易買到
- 品牌穩定
- 款式經典
- 價格適中

例如，優先選擇居家大牌的產品，它們的經典款式品質穩定，即使時隔多年，也仍能再次購得同款產品。而網拍和超市販售的收納容器，進貨管道不一，上下架隨機性很大。如果用了一段時間想再買，說不定同款式的早已停售。

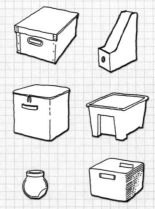

有朋友說大廠推出的收納用品價格偏高，但東西貴是有道理的，你會因為耐用而更愛惜它。

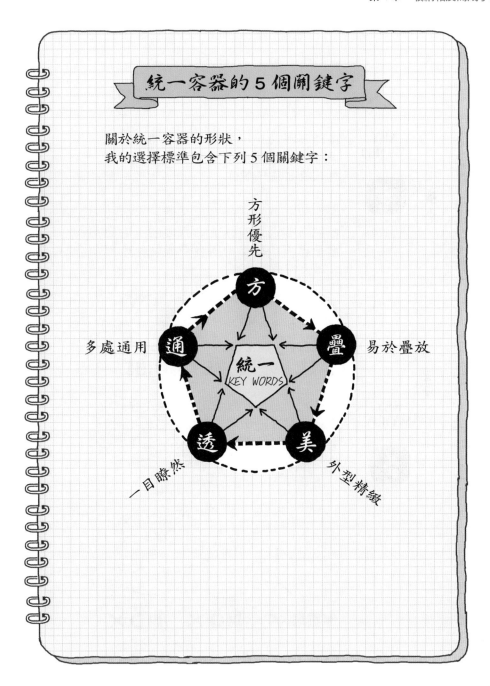

統一容器的 5 個關鍵字

關於統一容器的形狀，
我的選擇標準包含下列 5 個關鍵字：

方形優先

多處通用　通

易於疊放　疊

統一
KEY WORDS

一目瞭然　透

美　外型精緻

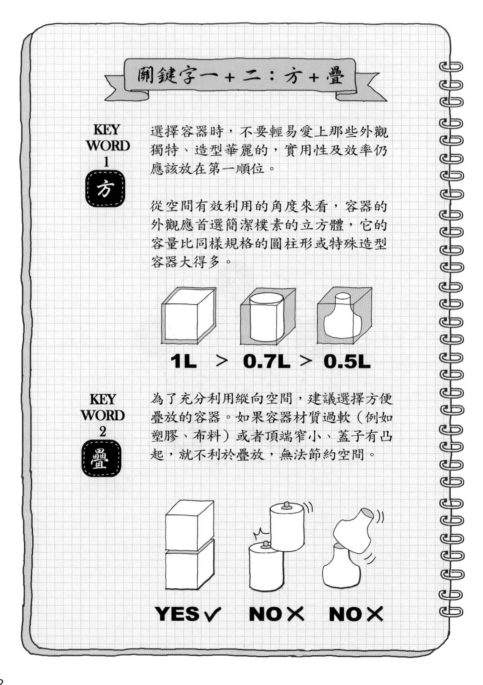

關鍵字一 + 二：方 + 疊

KEY WORD 1
方

選擇容器時，不要輕易愛上那些外觀獨特、造型華麗的，實用性及效率仍應該放在第一順位。

從空間有效利用的角度來看，容器的外觀應首選簡潔樸素的立方體，它的容量比同樣規格的圓柱形或特殊造型容器大得多。

1L > 0.7L > 0.5L

KEY WORD 2
疊

為了充分利用縱向空間，建議選擇方便疊放的容器。如果容器材質過軟（例如塑膠、布料）或者頂端窄小、蓋子有凸起，就不利於疊放，無法節約空間。

YES ✓   NO ✗   NO ✗

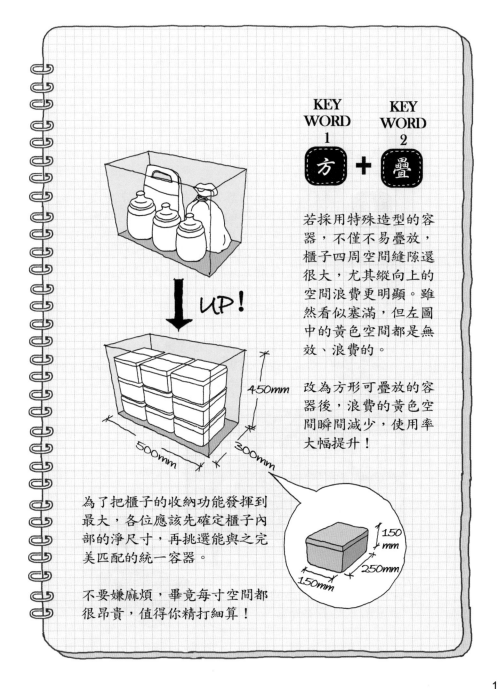

KEY WORD 1 方 + KEY WORD 2 疊

若採用特殊造型的容器，不僅不易疊放，櫃子四周空間縫隙還很大，尤其縱向上的空間浪費更明顯。雖然看似塞滿，但左圖中的黃色空間都是無效、浪費的。

改為方形可疊放的容器後，浪費的黃色空間瞬間減少，使用率大幅提升！

450mm

500mm

300mm

150 mm

250mm

150mm

為了把櫃子的收納功能發揮到最大，各位應該先確定櫃子內部的淨尺寸，再挑選能與之完美匹配的統一容器。

不要嫌麻煩，畢竟每寸空間都很昂貴，值得你精打細算！

關鍵字三：美

選擇容器前，首先要判斷這個容器是會展示出來的，
還是放在櫃子裡面純粹收納雜物。

KEY
WORD
3

外露的容器，本身就是家中美
好細節的一部分，需要花點錢
或小心思，挑有品質、可與家
中裝飾風格相匹配，外型美觀
耐看又不會太突兀的準沒錯。
例如藤編、漆皮、玻璃等材質
都值得推薦。

這些被特別挑選出來的美麗容
器，低調卻有質感，處處表現
出主人的品味和對細節的追求。

NO!

至於那些塑膠質感的廉價容
器，則盡量不要外露。

關鍵字四：透

KEY
WORD
4

透

如果你想挑選放在櫃子裡盛放雜物用的容器，那麼透明的塑膠箱非常適合。它的好處在於即使不打開蓋子，一眼望去就知道裡面裝了什麼。

所謂雜物，就是經常無法準確分類、時常忘記存放於何處的物品。若能透過容器一覽無遺，尋找起來就方便多了。

只要使用同款透明的盒子儲物，整體感就能整齊劃一。若換成花花綠綠的塑膠袋，櫃子就成了災難現場啦。

紙箱並不是理想的選擇，你得一一打開才知道裡面裝了什麼。導致有些物品就此被遺忘在櫃子深處。

115

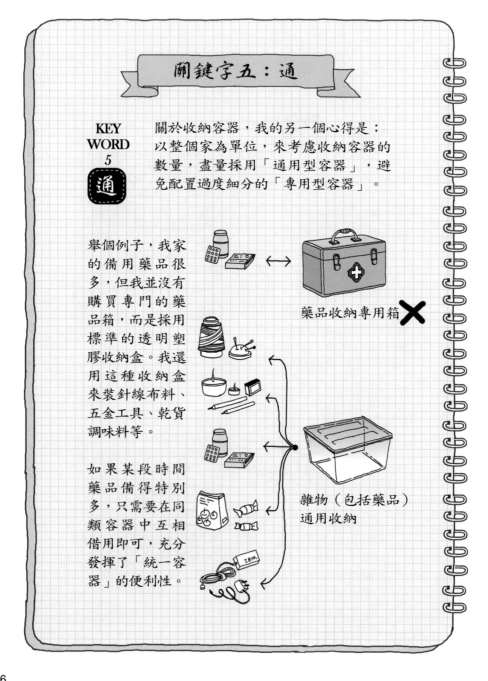

關鍵字五：通

KEY WORD 5

通

關於收納容器，我的另一個心得是：以整個家為單位，來考慮收納容器的數量，盡量採用「通用型容器」，避免配置過度細分的「專用型容器」。

舉個例子，我家的備用藥品很多，但我並沒有購買專門的藥品箱，而是採用標準的透明塑膠收納盒。我還用這種收納盒來裝針線布料、五金工具、乾貨調味料等。

如果某段時間藥品備得特別多，只需要在同類容器中互相借用即可，充分發揮了「統一容器」的便利性。

藥品收納專用箱 ✕

雜物（包括藥品）通用收納

我特別愛用的另一種通用型容器，是比 A4 紙大
一點的塑膠夾鏈袋。我會一次買 50 個左右，這
數量大約夠用一整年。

這種夾鏈袋幾乎什麼都可以裝。例如在行李箱裡
裝衣服、裝慢跑鞋、裝潔牙用品；帶小朋友出門
時裝毛巾、裝尿片、裝玩具；游泳時裝乾淨內衣、
泳鏡耳塞、濕掉的泳裝。或者，夏天用它裝一條
大披肩放在包包裡，冷氣太冷時隨時打開拿出來
或疊放回去。

如此一來，你就不必單獨再去購買旅行箱內袋、
抽繩雜物袋等，可省下不少錢。

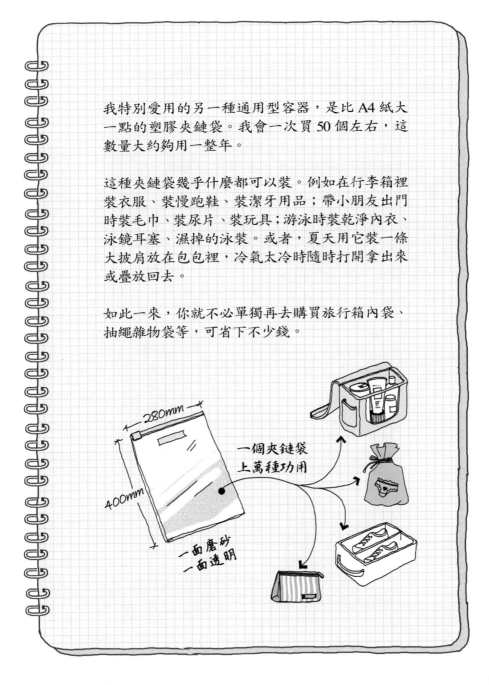

280mm

400mm

一面磨砂
一面透明

一個夾鏈袋
上萬種功用

小容器也能立大功

有些朋友說：「東西買回來，原本的盒子包裝都可以
湊合著用，沒必要另外花錢去買別的容器。尤其某些
名牌收納盒，一個好幾千塊，簡直是搶錢。」

但真正用過你就知道，專業的收納容器被研發、製造
出來，本身就集結了智慧與便利，且大多非常耐用，
使用五、六年絕對沒問題。這些容器值得你多付一點
錢，同時帶來高效率的使用空間，以及多年後依然整
潔如新、輕鬆易打理的家。

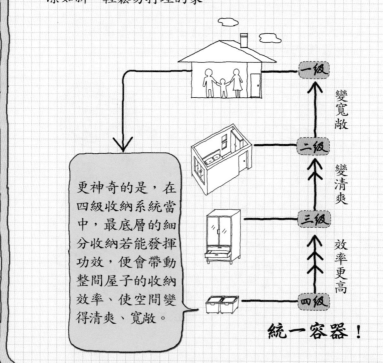

更神奇的是，在
四級收納系統當
中，最底層的細
分收納若能發揮
功效，便會帶動
整間屋子的收納
效率、使空間變
得清爽、寬敞。

一級
變寬敞
二級
變清爽
三級
效率更高
四級

統一容器！

用容器管理你的購物欲

習慣使用統一容器後，我學會了用容器來管理新增物品，而不是新增了物品再購買容器。

例如，我家的衛浴間一共有 6 個替換瓶，裝著我平日使用的清潔用品。過去我很容易衝動購買一些新推出的髮膜、洗面乳回來試試，現在則會在出手前冷靜思考：「家裡還有沒有多餘的容器可以換裝？」若容器不夠，衝動購物的念頭瞬間就打消了。

> 隨便買罐新產品回家，會破壞原有的整齊！

> 如果鞋盒全部塞滿了，想再買雙新的，就必須先扔雙舊的，藉此管理購物欲。

鞋子的管理也一樣，我曾經和大多數女孩一樣很愛買鞋子，但因為荷包不豐，自然會以便宜貨為主。現在我家裡只有 15 個鞋盒。這便成了我一年所有鞋子數量的上限。

久而久之，我很少會漫無目的去購物，身邊的物品也慢慢變得少而精。打掃和收納更輕鬆。

119

統一容器難區別，一張標籤就搞定

假如容器都一模一樣，找東西時如何分辨呢？

家人經常使用完了忘記放回去，之後要用時總找不到，怎麼辦？

收納書上總說物品收納要固定位置，可是平常使用漸漸就亂了，可有解決之道？

這三個問題的答案都一樣：

貼標籤

文字是收納的最佳催眠術

做個小實驗，
你能快速說出下列每個字的<u>顏色</u>嗎？

黃 綠 紫 紅

> 是不是覺得舌頭打結了呢？

這個實驗要說明的是：「顏色」原本是物品攜帶最客觀且強烈的訊息，然而對於接受過閱讀教育的現代人而言，文字的重要性已超越了顏色，占據了視覺訊息的第一順位。

有鑑於此，只要在固定的收納位置貼上一枚小小的「文字標籤」，就會對人產生強大心理暗示，使人乖乖按照標籤內容取用及歸位。

例如你到圖書館找資料，無論是取閱還是歸還圖書，都會按照文字標籤的提示進行。哪怕館中藏書高達幾百萬冊，其歸檔編碼的規則也不會改變。

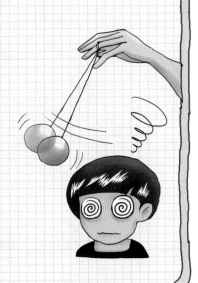

「文字標籤」簡直可稱為
收納的最佳催眠術。

看見箱上貼名字就想收

確定物品的收納位置後，在容器外頭貼上文字標籤，就像是讓人、物品、容器三者之間簽署了《歸屬關係契約》。

這有點像《西遊記》裡的經典場景：

我叫你一聲，你敢答有嗎？

收！

武器

文具

工具

COSPLAY
（我扮演的是金角大王）

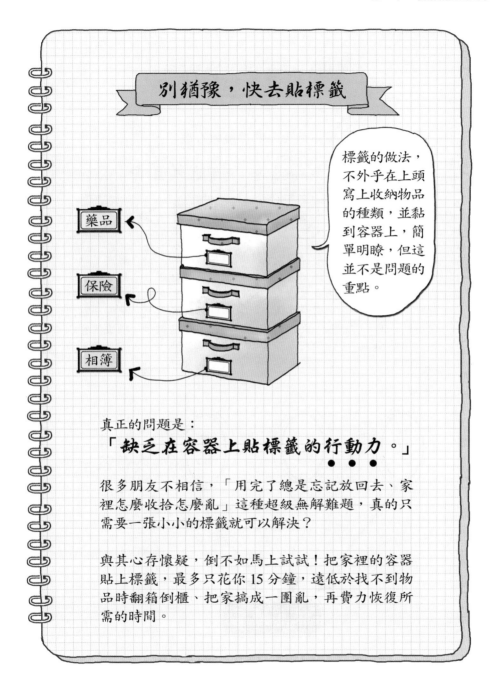

別猶豫，快去貼標籤

標籤的做法，不外乎在上頭寫上收納物品的種類，並黏到容器上，簡單明瞭，但這並不是問題的重點。

藥品

保險

相簿

真正的問題是：

「缺乏在容器上貼標籤的行動力。」

很多朋友不相信，「用完了總是忘記放回去、家裡怎麼收拾怎麼亂」這種超級無解難題，真的只需要一張小小的標籤就可以解決？

與其心存懷疑，倒不如馬上試試！把家裡的容器貼上標籤，最多只花你 15 分鐘，遠低於找不到物品時翻箱倒櫃、把家搞成一團亂，再費力恢復所需的時間。

分類越簡單越好懂

標籤內容，並不只是給貼標籤的人遵守，
更是全家人的生活公約。
因此，標籤所乘載的訊息，應該**簡單直白**。

文字標籤	>	圖形標籤	>	序號標籤	>	無標籤

文字標籤是首選。文字的表達最直白有力，大腦解讀的速度，遠勝於其他訊息。

圖形標籤對於不識字的兒童而言很理想，但對於成人而言，大腦對圖像的反應速度略遜於文字。

以序號歸類，需要大腦翻譯並記憶，對記不住編號的人而言，這些數字毫無意義，缺乏約束力。

用完了總忘記放回去，總是找不到東西，家裡很快就會亂七八糟。

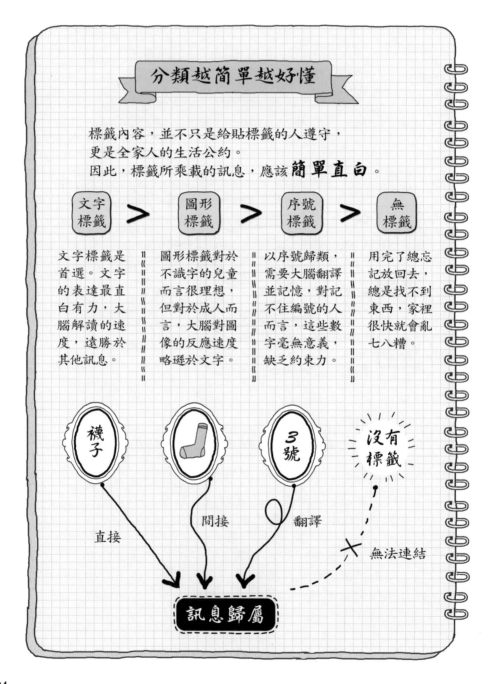

襪子 　　　　　 3號 　　 沒有標籤

直接 　　 間接 　　 翻譯 　　 無法連結

訊息歸屬

親手做標籤，你會更有感

標籤的選擇，也可以是一種生活樂趣。

我自己最常用的是簡單的白色長方形標籤。它的好處是通用性高，可和任何形式的容器搭配。無論貼在櫃子、罐子，或者 CD 封套上，都不會有違和感。

電子類

快遞

2013資料　　繪本類

畫龍點睛

鈕子

如果你實在不喜歡這種「辦公室味」太重的標籤，現在網路上也找得到各種有設計感的優雅標籤，下載後以印表機輸出，貼上後更顯精緻。

或者，手作能力強的讀者，也可以試試用螺絲或強力膠製作特殊的金屬標籤，替容器增添一分懷舊味。

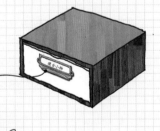

復古小物

❗ 注意：
字不能寫得太小，否則標籤的提示作用會減弱！

125

小容器，大智慧

將物品原本雜亂的包裝更換為統一的容器，為家中的收納用具貼上簡單的標籤，很困難嗎？

有人說：「不難，但就是覺得麻煩……。」

但仔細想想，我們為什麼拚命賺錢租房或買房呢？不就是為了給自己一個「容」身之「器」嗎？

在房子中，小小的盒子、罐子是雜物的容器；
在社會中，小小的房子則是家庭和生活的容器。

每天在外疲累奔波，
只有回到這個「容器」時，
才能真正卸下緊張和戒備。
家這個容器的收納之物，既是身子，更是心靈。

而這小小的容器，需要你以大大的智慧來維繫。

第 **5** 章

玄關這樣整理，
從此可以狂買鞋
——順手收、別亂擺，
輕鬆搞定家的門面

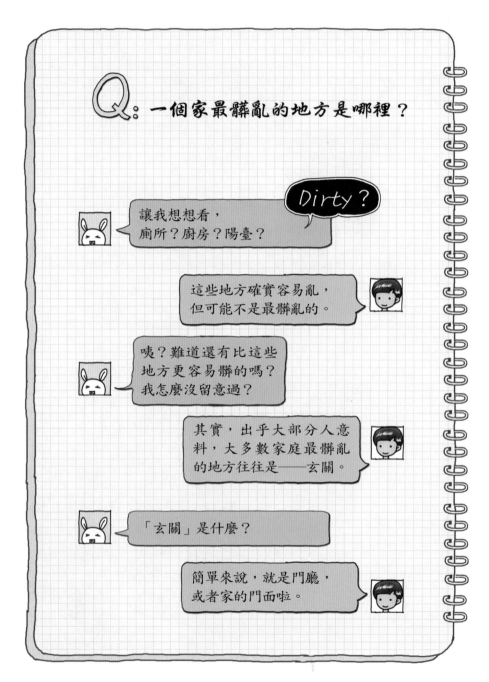

Q：一個家最髒亂的地方是哪裡？

讓我想想看，
廁所？廚房？陽臺？

Dirty？

這些地方確實容易亂，
但可能不是最髒亂的。

咦？難道還有比這些
地方更容易髒的嗎？
我怎麼沒留意過？

其實，出乎大部分人意
料，大多數家庭最髒亂
的地方往往是——玄關。

「玄關」是什麼？

簡單來說，就是門廳，
或者家的門面啦。

開門第一眼竟是這樣的情景？

我訪談過的客戶當中，有不少家庭
一打開大門，映入眼簾的是：

塑膠袋／包

半公尺高的鞋櫃

零錢、
鑰匙

簡易鞋架上
堆7～8雙鞋

角落鞋盒
再塞 2 雙

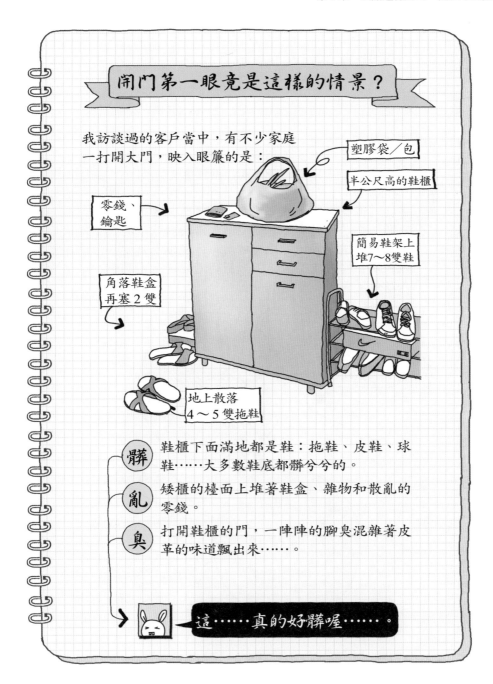

地上散落
4 ～ 5 雙拖鞋

髒 鞋櫃下面滿地都是鞋：拖鞋、皮鞋、球
鞋……大多數鞋底都髒兮兮的。

亂 矮櫃的檯面上堆著鞋盒、雜物和散亂的
零錢。

臭 打開鞋櫃的門，一陣陣的腳臭混雜著皮
革的味道飄出來……。

這……真的好髒喔……。

玄關的雙重意義

一般人對「玄關」二字開始產生普遍認知，其實也不過是最近十多年的事。這個詞時常被誤認為來自於日語，其實，它原本就出自中文。

早在《道德經》中就有記載：「玄之又玄，眾妙之門。」這裡的「玄」後被道教借指內煉中的一個關口，道教內煉首先突破之，方能進入正室。後被用在室內建築名稱上，指通過此通道才算進入屋內，玄關之意由此而來。

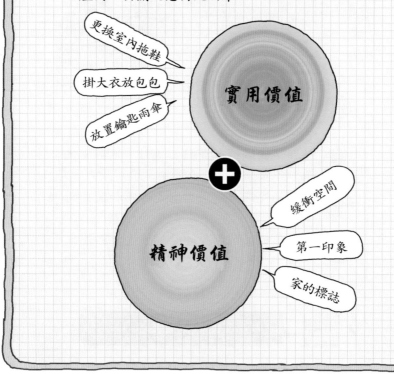

更換室內拖鞋

掛大衣放包包

放置鑰匙雨傘

實用價值

＋

緩衝空間

第一印象

家的標誌

精神價值

小小玄關，六大功能

以實用的角度來看，玄關的主要角色是「放鞋櫃的門廳」。

小時候住平房時，家人都不換鞋直接進到屋內，無須鞋櫃；後來搬進公寓大樓，客廳鋪了地磚，才開始有了換室內拖鞋的生活習慣。當時的家，門廳通道狹窄，根本沒辦法放置鞋架，只能勉強塞在客廳沙發背後的縫隙裡。而我家裡開始使用鞋櫃，則是 1995 年前後的事了。

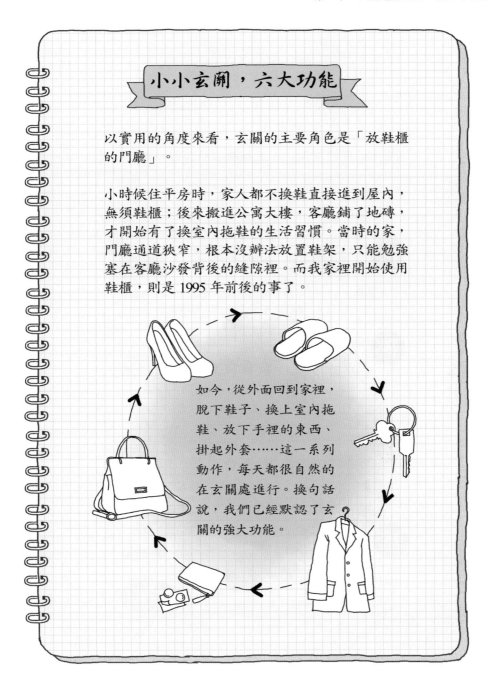

如今，從外面回到家裡，脫下鞋子、換上室內拖鞋、放下手裡的東西、掛起外套……這一系列動作，每天都很自然的在玄關處進行。換句話說，我們已經默認了玄關的強大功能。

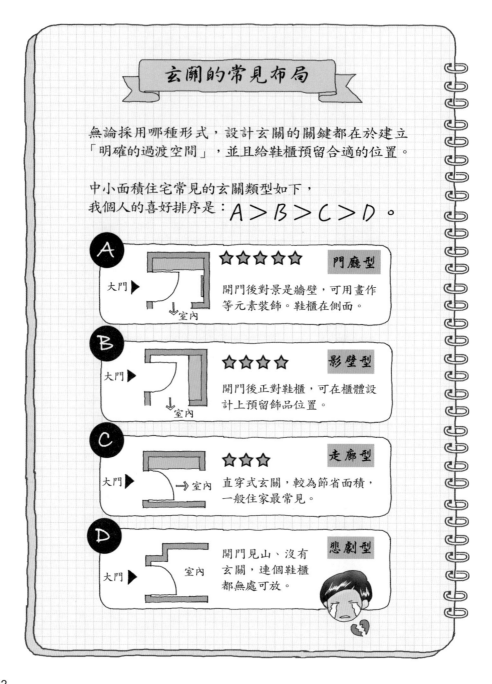

玄關的常見布局

無論採用哪種形式，設計玄關的關鍵都在於建立「明確的過渡空間」，並且給鞋櫃預留合適的位置。

中小面積住宅常見的玄關類型如下，
我個人的喜好排序是：A＞B＞C＞D。

A ☆☆☆☆☆ 　門廳型

大門▶ 　→室內

開門後對景是牆壁，可用畫作等元素裝飾。鞋櫃在側面。

B ☆☆☆☆ 　影壁型

大門▶ 　→室內

開門後正對鞋櫃，可在櫃體設計上預留飾品位置。

C ☆☆☆ 　走廊型

大門▶ 　→室內

直穿式玄關，較為節省面積，一般住家最常見。

D 　悲劇型

大門▶ 　室內

開門見山、沒有玄關，連個鞋櫃都無處可放。

住家夠不夠精緻，看玄關便知

Q: 「光看空間設計圖，如何辨識是否經過專人設計？」

A: 「看看玄關及走道，就一目瞭然啦！」

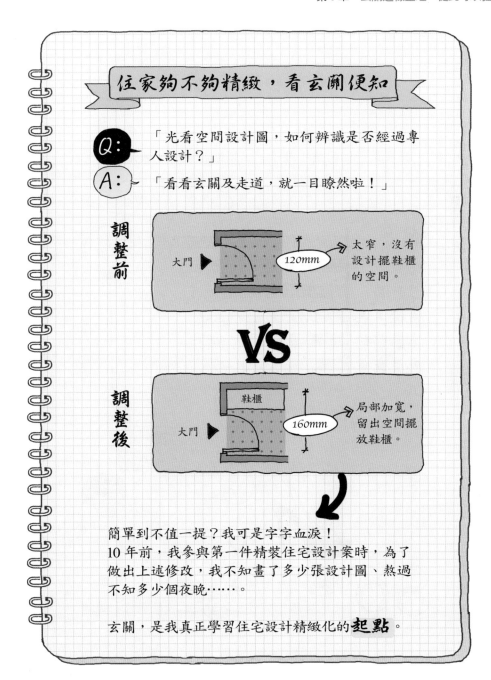

調整前

大門 ▶　120mm → 太窄，沒有設計擺鞋櫃的空間。

VS

調整後

鞋櫃

大門 ▶　160mm → 局部加寬，留出空間擺放鞋櫃。

簡單到不值一提？我可是字字血淚！

10年前，我參與第一件精裝住宅設計案時，為了做出上述修改，我不知畫了多少張設計圖、熬過不知多少個夜晚……。

玄關，是我真正學習住宅設計精緻化的**起點**。

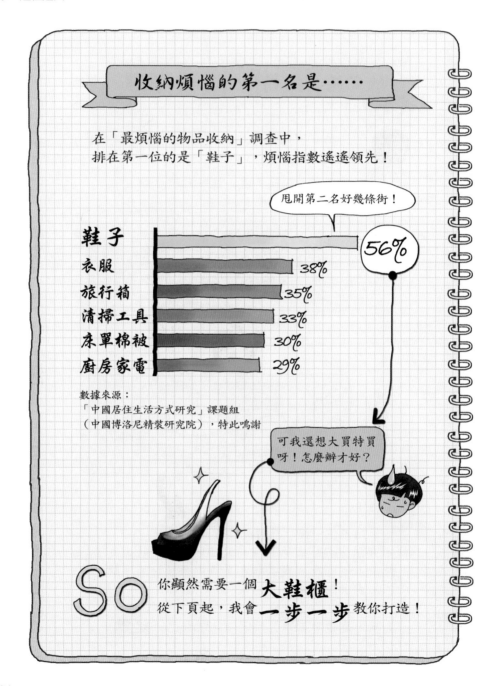

收納煩惱的第一名是……

在「最煩惱的物品收納」調查中，
排在第一位的是「鞋子」，煩惱指數遙遙領先！

甩開第二名好幾條街！

鞋子 ▬▬▬▬▬▬▬ 56%
衣服 ▬▬▬▬ 38%
旅行箱 ▬▬▬ 35%
清掃工具 ▬▬▬ 33%
床單棉被 ▬▬ 30%
廚房家電 ▬▬ 29%

數據來源：
「中國居住生活方式研究」課題組
（中國博洛尼精裝研究院），特此鳴謝

可我還想大買特買
呀！怎麼辦才好？

So 你顯然需要一個 大鞋櫃！
從下頁起，我會 一步一步 教你打造！

鞋子，真的非常多！

記得小時候，我每季大概只有 2 到 3 雙鞋，輪流替換著穿。當時即使全家的鞋加起來，一個鞋架也夠裝了。

現在呢？一方面，社會整體生活水準遠勝往昔；另一方面，鞋子又被標榜為衡量時尚的重要標準，再加上各種依運動需求細分的鞋子、秋冬必備的靴子⋯⋯。

現代社會，一個家庭鞋子的總數量，約是 1980 年代的 **5 ～ 10 倍**。

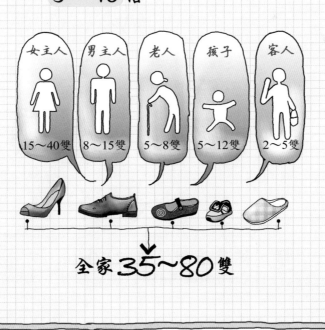

女主人	男主人	老人	孩子	客人
15～40雙	8～15雙	5～8雙	5～12雙	2～5雙

全家 35～80 雙

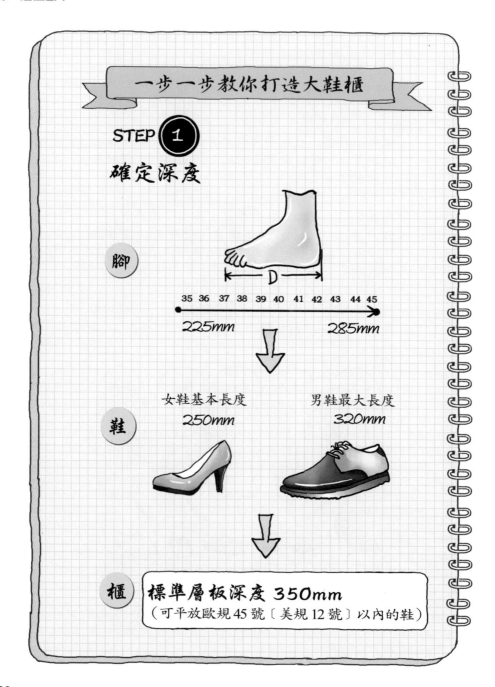

一步一步教你打造大鞋櫃

STEP ① 確定深度

腳

35 36 37 38 39 40 41 42 43 44 45
225mm — 285mm

鞋

女鞋基本長度
250mm

男鞋最大長度
320mm

櫃

標準層板深度 350mm
（可平放歐規 45 號〔美規 12 號〕以內的鞋）

一般常見的鞋櫃深度大概有以下幾種：

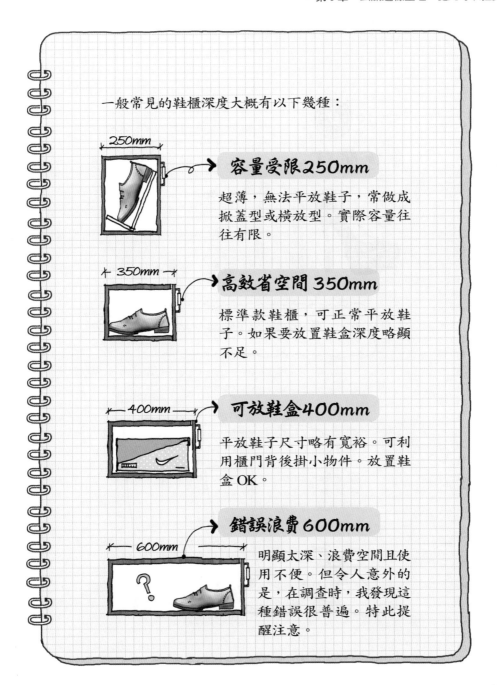

250mm

容量受限250mm

超薄，無法平放鞋子，常做成
掀蓋型或橫放型。實際容量往
往有限。

350mm

高效省空間 350mm

標準款鞋櫃，可正常平放鞋
子。如果要放置鞋盒深度略顯
不足。

400mm

可放鞋盒400mm

平放鞋子尺寸略有寬裕。可利
用櫃門背後掛小物件。放置鞋
盒OK。

錯誤浪費600mm

600mm

明顯太深、浪費空間且使
用不便。但令人意外的
是，在調查時，我發現這
種錯誤很普遍。特此提
醒注意。

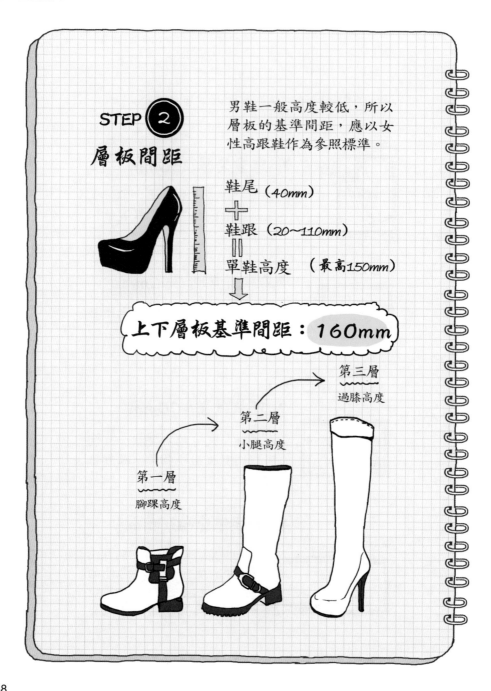

STEP ② 層板間距

男鞋一般高度較低，所以層板的基準間距，應以女性高跟鞋作為參照標準。

鞋尾（40mm）
＋
鞋跟（20～110mm）
＝
單鞋高度（最高150mm）

上下層板基準間距：160mm

第三層
過膝高度

第二層
小腿高度

第一層
腳踝高度

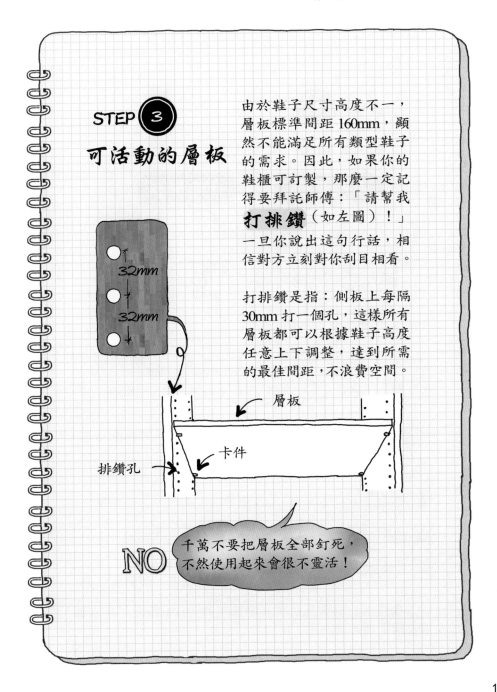

STEP ③
可活動的層板

由於鞋子尺寸高度不一，層板標準間距 160mm，顯然不能滿足所有類型鞋子的需求。因此，如果你的鞋櫃可訂製，那麼一定記得要拜託師傅：「請幫我**打排鑽**（如左圖）！」一旦你說出這句行話，相信對方立刻對你刮目相看。

打排鑽是指：側板上每隔 30mm 打一個孔，這樣所有層板都可以根據鞋子高度任意上下調整，達到所需的最佳間距，不浪費空間。

32mm

32mm

層板

排鑽孔

卡件

NO

千萬不要把層板全部釘死，不然使用起來會很不靈活！

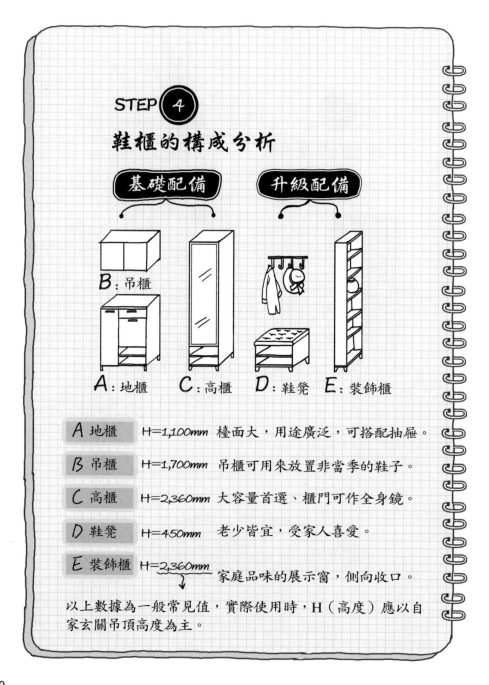

STEP 4

鞋櫃的構成分析

基礎配備　　升級配備

B：吊櫃

A：地櫃　　C：高櫃　　D：鞋凳　　E：裝飾櫃

A 地櫃	H=1,100mm	檯面大，用途廣泛，可搭配抽屜。
B 吊櫃	H=1,700mm	吊櫃可用來放置非當季的鞋子。
C 高櫃	H=2,360mm	大容量首選、櫃門可作全身鏡。
D 鞋凳	H=450mm	老少皆宜，受家人喜愛。
E 裝飾櫃	H=2,360mm	家庭品味的展示窗，側向收口。

以上數據為一般常見值，實際使用時，H（高度）應以自家玄關吊頂高度為主。

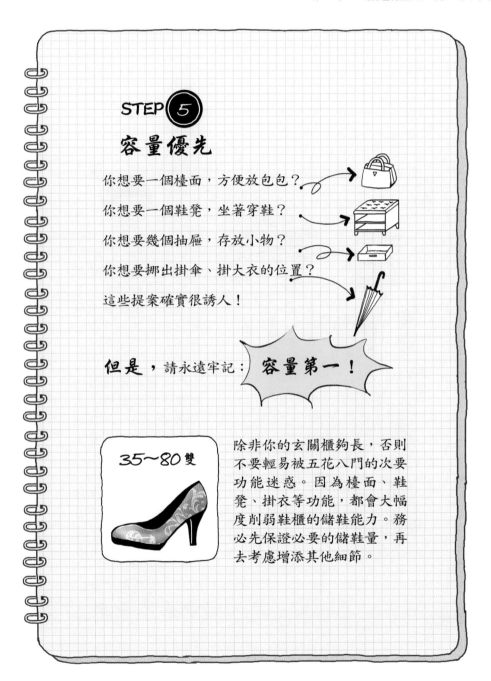

STEP 5

容量優先

你想要一個檯面，方便放包包？

你想要一個鞋凳，坐著穿鞋？

你想要幾個抽屜，存放小物？

你想要挪出掛傘、掛大衣的位置？

這些提案確實很誘人！

但是，請永遠牢記： 容量第一！

35~80雙

除非你的玄關櫃夠長，否則不要輕易被五花八門的次要功能迷惑。因為檯面、鞋凳、掛衣等功能，都會大幅度削弱鞋櫃的儲鞋能力。務必先保證必要的儲鞋量，再去考慮增添其他細節。

請各位記住，櫃子的容量永遠是最高指導原則。光是漂亮好看沒有用，裝得太少都是枉然。

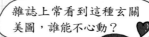

雜誌上常看到這種玄關美圖，誰能不心動？

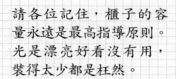

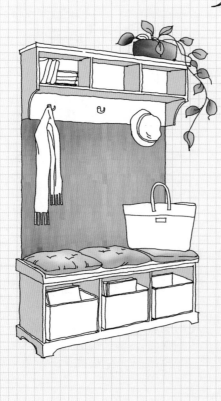

但你若真的把這種櫃子原封不動的搬到自己家裡，很快就會發現它其實裝不了多少東西。

除非你能在旁邊另外配置一個大鞋櫃，或者另外蓋一個衣帽間，尚能彌補容量上的不足。

否則，一個容量不足的玄關，用不了多久，就會呈現滿地是鞋的可怕景象……。

所以，這種櫃子完全**中看不中用！**

開闢「常用鞋」專區

在過去幾年的住戶訪談中，有個現象很令我費解：有些精裝住宅提供的鞋櫃容量夠大，打開櫃門尚有空間，地面卻仍然擺了一堆鞋。

與住戶深入溝通後，我發現了問題所在：那些被擺在地面上的鞋子，都是「常用鞋」，意即當天穿的外出鞋以及家用拖鞋。這些鞋子因為居住者怕髒、怕麻煩、怕有味道，並不想立刻收入鞋櫃。

於是，我將鞋櫃設計做了局部修改：

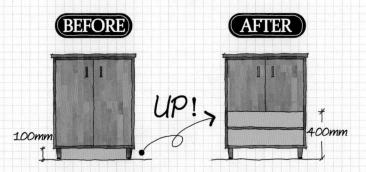

傳統鞋櫃一般會把底層架空 100mm 來放置常用鞋。看似合理，實際位置不足，且底層太矮不便使用。

改良之後，底部兩層設置敞開式隔板，不另設櫃門。常用鞋位置變得充裕，高度適中、取放自如。

143

我的御用款鞋櫃

嘮叨了老半天，有朋友覺得要點太多記不住，建議我直接推薦一款「通殺型」的鞋櫃，大家都省時省事。我自己的御用款式是這樣的：

儲鞋總量：70 雙

人多鞋更多。70雙的儲鞋量，不再讓你的玄關收納不夠用。

冬天室內外溫差大，進門需要一個順手可以掛大衣的貼心設計。

能坐著穿鞋，對老人和孩子，是種無言的體貼。

兩扇櫃門可兼做全身鏡，不必再另外配置鏡子。

裝飾櫃替代側牆收口，擺放小盆栽和相框，精巧美觀。

600mm　800mm　200mm

2 160mm

400mm

鞋盒，留之？棄之！

很多人有保留原盒的習慣，理由是換季的時候好收納、防灰塵。但保留下來的鞋盒大小不同、疊放不齊、高矮不一。而且時間一久，常忘記到底哪雙在哪個盒子，反而覺得更麻煩。至於給鞋子拍照貼盒子上，偶爾為之還好，堅持到底確實也有難度。

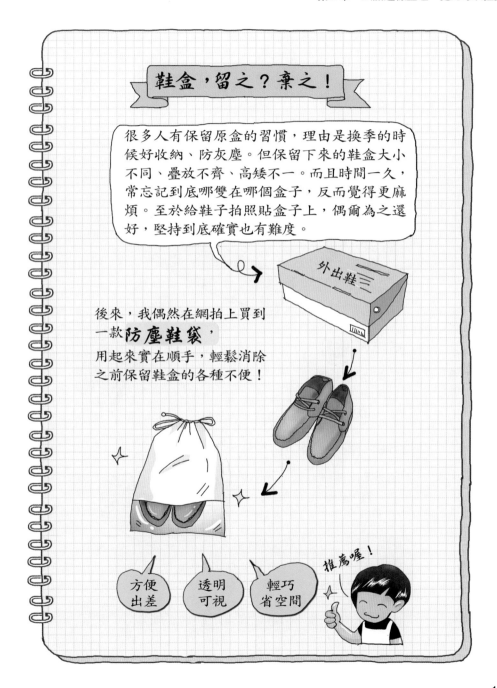

外出鞋

後來，我偶然在網拍上買到一款**防塵鞋袋**，用起來實在順手，輕鬆消除之前保留鞋盒的各種不便！

方便出差

透明可視

輕巧省空間

推薦喔！

高品質鞋櫃，千元有找

很多時候，生活中受限於各種條件（例如租屋一族），很難能有個現成的大容量鞋櫃。怎麼辦？

試試**動手 DIY** 吧！自己搞定超讚大鞋櫃！

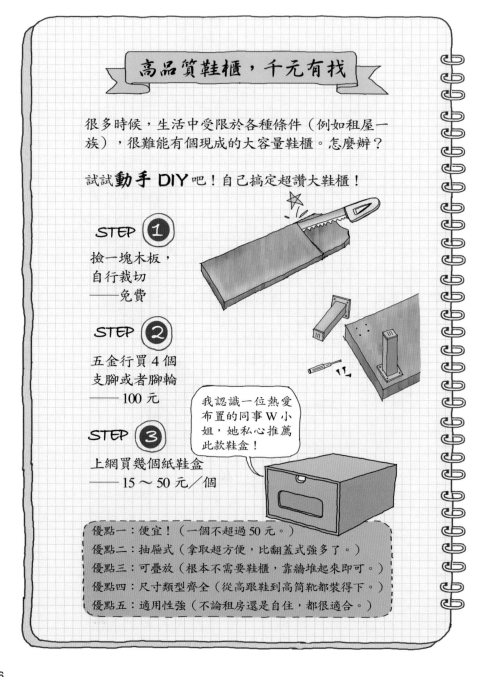

STEP ①

撿一塊木板，
自行裁切
——免費

STEP ②

五金行買 4 個
支腳或者腳輪
——100 元

STEP ③

上網買幾個紙鞋盒
——15～50 元／個

> 我認識一位熱愛布置的同事 W 小姐，她私心推薦此款鞋盒！

優點一：便宜！（一個不超過 50 元。）

優點二：抽屜式（拿取超方便，比翻蓋式強多了。）

優點三：可疊放（根本不需要鞋櫃，靠牆堆起來即可。）

優點四：尺寸類型齊全（從高跟鞋到高筒靴都裝得下。）

優點五：適用性強（不論租房還是自住，都很適合。）

租屋一族的儲鞋神器

花一點小錢，製作統一規格的專用鞋盒，你很快
會發現，它遠比保留原盒好用得多；

花一點心思，自己動手做一個大容量的抽屜式鞋
櫃，每天早上抽出一雙雙美鞋時，心情也會跟著
美麗起來！

沿著牆角疊放紙鞋盒（底
部裝上木板及支腳），只
要確保底部穩固，堆得再
高都沒問題。且鞋盒本身
是抽屜式儲放，想抽出任
何一雙鞋都很輕鬆。

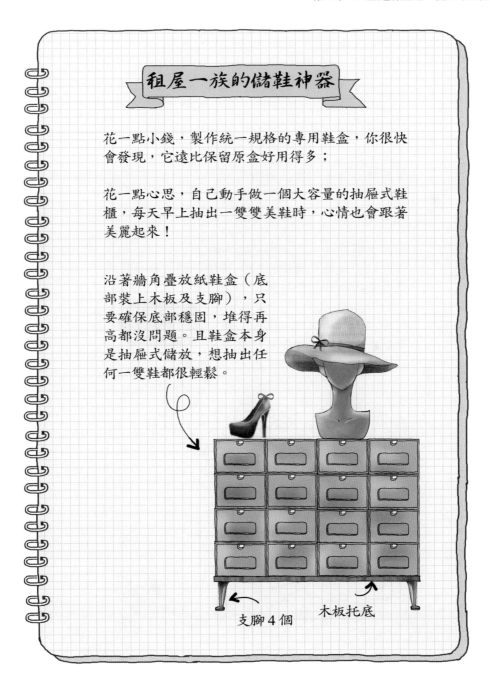

支腳 4 個　　　　木板托底

玄關是家的風水之門

終於說完鞋櫃的內容，該聊聊真正的玄關了！

玄關絕不僅是個換鞋的門廳，
它在風水學上有非常重要的意義，
是家的聚氣之所、財運之門。

如果玄關昏暗、凌亂甚至腳臭四溢，
每天經由這樣的玄關出門，彷彿一整天都會隨身
攜帶灰暗的負能量。

想像一下財神他老人家，已經
走到了您門口，卻看到一堆臭
鞋，他還願意進屋嗎？

老身做不
到啊！！

優雅的待客之道，從進門開始

玄關是家的迎賓空間、留給客人的第一印象，更是一個家庭生活態度的縮影。

迎客？
逐客？

和各位分享一件小事，我每次去別人家作客，最害怕的就是主人在鞋櫃裡找老半天，卻拿出一雙有明顯汙痕的男性超大號塑膠拖鞋給我。

各位是否遇過類似的尷尬情況？此時，若你堅持不穿，難免讓人覺得不禮貌，但勉強穿上，你心裡一定會不爽……。

這雙髒兮兮的塑膠拖鞋向客人傳達的無聲訊息是：「你或許並不受主人歡迎。」

歡迎！
歡迎！

我家是這樣做的：從網路上購買四星級飯店用的標準白色布製拖鞋，一次買 10 雙。壓縮疊放在一起很省空間，10 雙鞋占的位置，還不到平放一雙普通鞋的空間。而且穿完還可機洗，兼顧環保。

這雙純白嶄新的布製拖鞋，就是我家的待客之道。

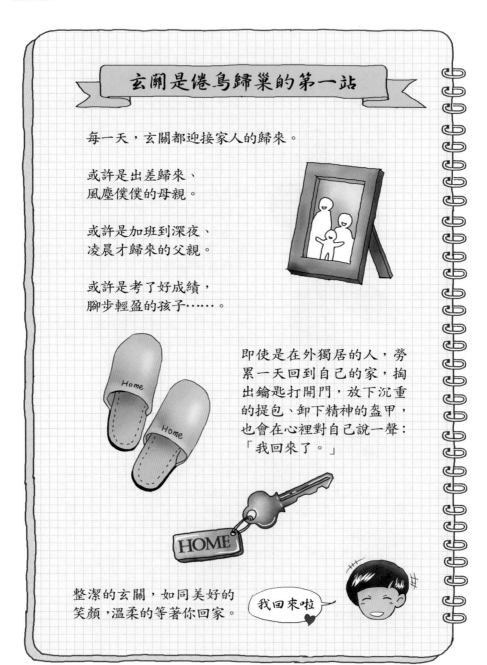

玄關是倦鳥歸巢的第一站

每一天，玄關都迎接家人的歸來。

或許是出差歸來、
風塵僕僕的母親。

或許是加班到深夜、
凌晨才歸來的父親。

或許是考了好成績，
腳步輕盈的孩子……。

即使是在外獨居的人，勞累一天回到自己的家，掏出鑰匙打開門，放下沉重的提包、卸下精神的盔甲，也會在心裡對自己說一聲：
「我回來了。」

整潔的玄關，如同美好的笑顏，溫柔的等著你回家。

我回來啦♥

玄關是家的守望者。

你如何對待玄關，就等於如何看待「回家」這件事。

燈塔的守護者，會常常擦亮航標探燈；

愛家的居住者，請時時整理你的玄關。

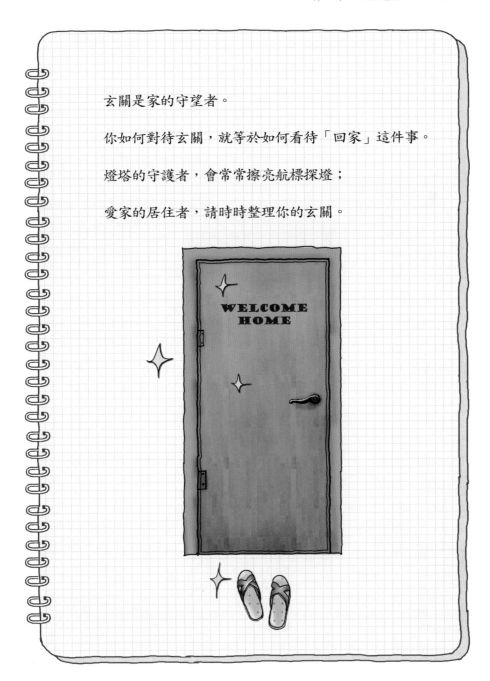

第 **6** 章

永遠不會亂的客廳

——客人突然拜訪，兩分鐘內收完

我家最得意的設計是什麼？

常有朋友問我：「身為住宅設計師，家裡最令你得意的設計是什麼？」

這個問題，無論問我還是問我的家人，我們都會瞬間反應、異口同聲的回答：「當然是客廳囉！」

我家的客廳，不算寬敞、更不算奢華，但它有一個值得驕傲的優點：

永遠不會亂。

儘管在 30 坪的房子裡住了一家老小 6 個人，但不論什麼時候，我的客廳都像樣品屋一樣清爽整潔，完全不需要花費過多時間（至少只要兩分鐘）收拾，便能輕鬆維持原樣。

即使有朋友突然登門拜訪，我也能從容不迫的起身迎接，不必手忙腳亂的整理。

客廳想「顯大」，祕訣在於…

下方客廳的平面圖，其實和你家差不了多少吧？

我家客廳是最常見的「沙發對著電視」的長方形空間，尺寸還算寬裕。但我不喜歡 L 型沙發把客廳卡得死死的感覺，於是選用了相對較窄的三人座的皮質沙發（長度 1,900mm、寬度 800mm）和草編坐墊的組合，至於茶几和單人躺椅，我也選擇了低矮緊湊型的。

想要客廳真正「顯大」，祕訣在於：
1. 可以活動的家具，盡量不買太大的。
2. 固定收納則要盡量做大！

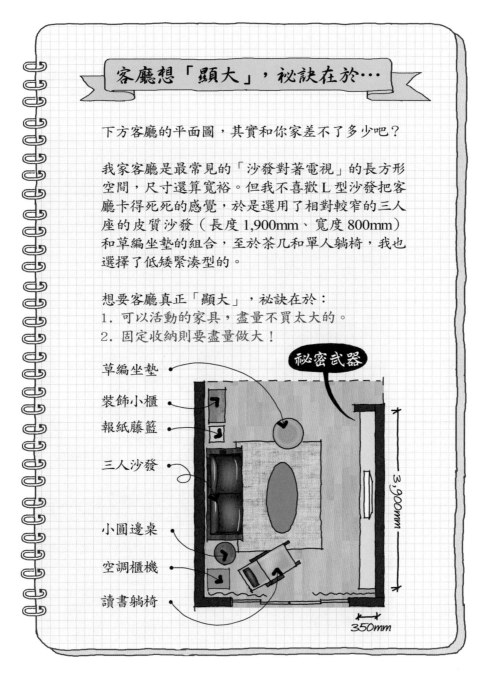

草編坐墊

裝飾小櫃

報紙藤籃

三人沙發

小圓邊桌

空調櫃機

讀書躺椅

祕密武器

3,900mm

350mm

能時時刻刻維持客廳整潔的祕密武器，
就是這組**無敵收納櫃**！

客廳永遠不亂

的祕密在這裡

哪怕來了一群小朋友玩得亂糟糟，最多只要兩分鐘，就能恢復圖中的最佳狀態！

超大無敵收納櫃

所有第一次到我家的客人，都會說：「哇，你這個櫃子好大啊！」

容量＝ **3.3 立方米** ＝ *100* 個登機箱

— 長度 3,900mm, 深 350mm —

高度 2,400mm

但如果光用數字推算容積，連我自己都覺得不可靠。

到底，這櫃子的真實容量有多大？
於是，我做了現場驗證。

結果，
連我自己**都驚呆了**……。

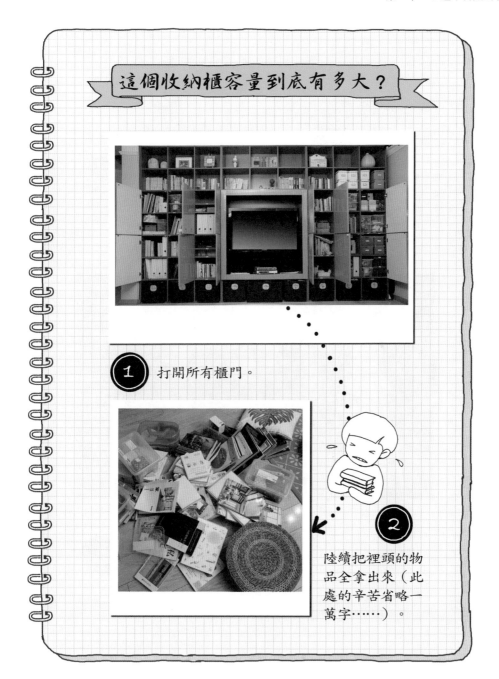

這個收納櫃容量到底有多大？

① 打開所有櫃門。

② 陸續把裡頭的物品全拿出來（此處的辛苦省略一萬字……）。

總算完成了！

③

辛苦勞動了一個多小時，
終於**全部清空**了，
真是要了我的命啊啊啊啊……。

嗚～

這實在是一個驚人的大工程，
中途幾次恨不得放棄，累得差點昏過去。
我雖然知道這個櫃子很能「裝」，
但顯然還是低估了它的真正實力！

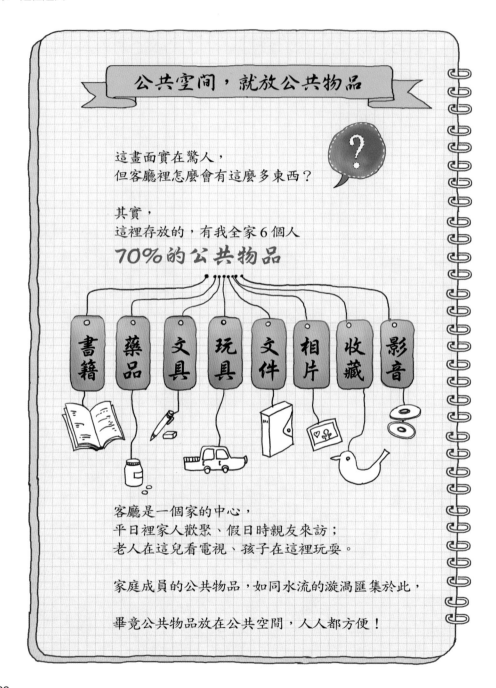

公共空間，就放公共物品

這畫面實在驚人，
但客廳裡怎麼會有這麼多東西？

其實，
這裡存放的，有我全家6個人
70%的公共物品

書籍 藥品 文具 玩具 文件 相片 收藏 影音

客廳是一個家的中心，
平日裡家人歡聚、假日時親友來訪；
老人在這兒看電視、孩子在這裡玩耍。

家庭成員的公共物品，如同水流的漩渦匯集於此，

畢竟公共物品放在公共空間，人人都方便！

客廳就是書房

我家沒有設置單獨的書房，客廳本身兼具書房功能。我大約每週讀一本新書，閱讀量不算大，但日積月累下來，書的收納也成了大問題。

現在，我重複閱讀且珍藏的書，大約只有500本。

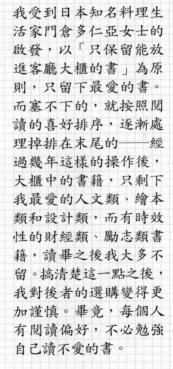

我受到日本知名料理生活家門倉多仁亞女士的啟發，以「只保留能放進客廳大櫃的書」為原則，只留下最愛的書。而塞不下的，就按照閱讀的喜好排序，逐漸處理掉排在末尾的——經過幾年這樣的操作後，大櫃中的書籍，只剩下我最愛的人文類、繪本類和設計類，而有時效性的財經類、勵志類書籍，讀畢之後我大多不留。搞清楚這一點之後，我對後者的選購變得更加謹慎。畢竟，每個人有閱讀偏好，不必勉強自己讀不愛的書。

夜深後，打開一盞閱讀燈，點亮只屬於自己的安靜時光。

各歸其位，有藏有露

家是過日子的地方，和樣品屋不同。客廳需要收納的物品種類非常多，其中既有毫無美感的日用品，也有代表生活品味的精緻擺設。兩者的藏露選擇，必須控制得當。

以視線高度為基準，凡是美麗的物品，一律放在上部開放空間；而不美的物品，全部隱藏在下方附櫃門的儲物格中。這樣，視線所及之處，沒有皺巴巴的紙袋、塑膠質感的玩具，只有吸睛的工藝品以及乾淨的櫃門。

家，自然就很美啦。

眼不見為淨才是真理

「以視線高度選擇藏露物品」，聽起來很簡單，但我在弄懂這個道理之前，其實也走過不少冤枉路。

例如，電視兩側最初沒有四扇櫃門，屬於局部開放的層板。

這個櫃子原本是用來擺放裝飾物的。但它的高度很方便，於是大家常無意識的順手放東西上去：玩具、卡片、保溫杯……。

結果，這個沒有門的局部空間，總是凌亂不堪。每天都要花不少時間把物品收拾歸位。

終於有一天我忍不住，從網路上買了新的四扇櫃門裝上，情況立刻改善！

裝上櫃門後

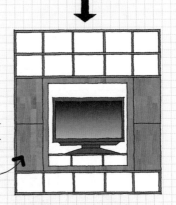

這個故事告訴我們：想要家裡乾淨清爽，視線遮蔽真的很重要。再亂的地方，只要加個櫃門、掛個簾幕，瞬間眼前就清淨無物。

我最推薦的收納神器

有櫃門的「隱藏收納」空間裡，存放了大量的雜物。這些零碎物品如果直接堆放在層板上，必然非常凌亂，尋找或拿取十分不便。

所以，各位要用「統一容器」將之收攏。

我最愛用的雜物收納神器，是 IKEA 的透明收納盒。記得一定要買蓋子喔！

5公升

透明可視、方正大度、疊放容易

每格櫃子的淨尺寸寬 400mm，高 350mm。

剛好可放進 4 個 IKEA 收納盒，完全貼合，尺寸完美匹配。

接下來只要在層板貼上文字標籤，家人用完東西就會自動歸位、不到處亂放。

時光寶盒：家的記憶

客廳的大櫃中，還有一些很特別的紙製儲物盒，我稱之為「時光寶盒」。

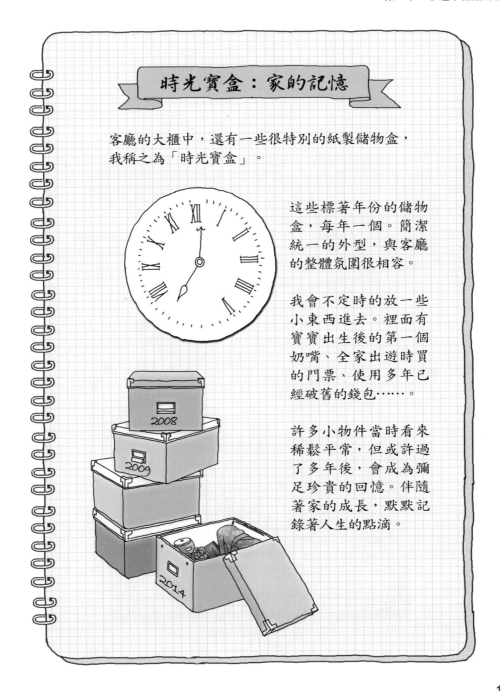

這些標著年份的儲物盒，每年一個。簡潔統一的外型，與客廳的整體氛圍很相容。

我會不定時的放一些小東西進去。裡面有寶寶出生後的第一個奶嘴、全家出遊時買的門票、使用多年已經破舊的錢包……。

許多小物件當時看來稀鬆平常，但或許過了多年後，會成為彌足珍貴的回憶。伴隨著家的成長，默默記錄著人生的點滴。

玩具，超多玩具也不怕！

第一次來我家的朋友，常常問我：「怎麼沒看到你家小朋友的玩具？」

猜猜看，我家的玩具都藏在哪裡？

說真的，對於有寶寶的家庭而言，玩具收納絕對是個超令人頭痛的問題。一方面，現在的寶寶玩具數量，比我們這代人小時候多十倍甚至百倍，另一方面，這些玩具大多花花綠綠、塑膠材質，再美麗的客廳，只要堆出個玩具小山，美感盡失！

我最初設計這組無敵收納櫃時，就已預留收納玩具的空間。

← 櫃子最底層，開放式收納格 →

玩具都在這裡！

和客廳配色相容的玩具箱

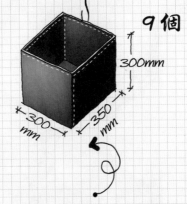

部分家庭為寶寶購置的玩具箱，都是塑膠材質有卡通圖案的，因為兒童都喜歡繽紛的色彩。但這種外型花俏的玩具箱，無論怎麼收納，放在客廳一角都會顯得突兀且廉價，破壞整體的美感。

為此，我選擇了 IKEA 的布質衣櫃收納箱，而且一次買 9 個，略為加工、改成符合櫃體的尺寸。全黑色的布料，容量大、外觀低調，與客廳的收納櫃十分契合。

9個

300mm

300mm

350mm

這種收納箱本身非常輕，即使裝滿玩具，寶寶仍可以輕鬆拉動，耐髒、易清理。

169

玩具箱標籤 DIY

為了讓小朋友學會自己整理玩具、玩好放回去，我會把每個箱子貼上內容標籤。

比較過各種標籤材質後，我最後選擇了「皮革布貼」。

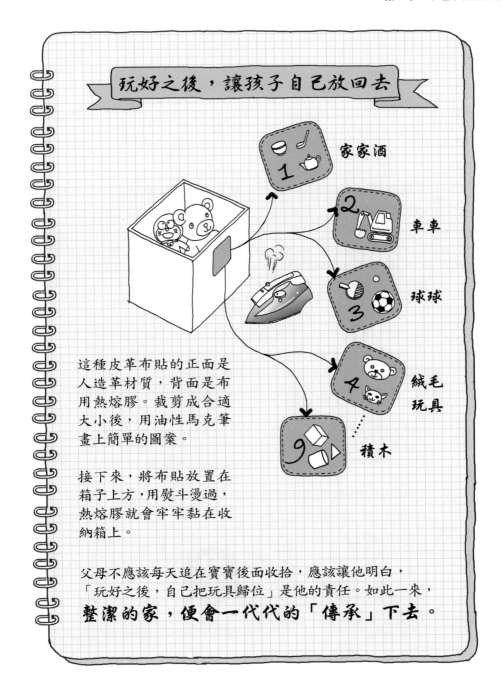

玩好之後，讓孩子自己放回去

家家酒

車車

球球

絨毛玩具

積木

這種皮革布貼的正面是人造革材質，背面是布用熱熔膠。裁剪成合適大小後，用油性馬克筆畫上簡單的圖案。

接下來，將布貼放置在箱子上方，用熨斗燙過，熱熔膠就會牢牢黏在收納箱上。

父母不應該每天追在寶寶後面收拾，應該讓他明白，「玩好之後，自己把玩具歸位」是他的責任。如此一來，**整潔的家，便會一代代的「傳承」下去。**

永遠寬敞、永遠不亂的客廳

我家客廳這個無敵大收納櫃已經使用了 5 年，已然成了生活砥柱。

這個設計很讓我自豪，我曾向很多朋友和客戶推薦。他們雖然大多認同收納理念，但往往都會帶著困惑的表情，用懷疑的口吻說：「這麼大的櫃子，會讓客廳空間變窄吧？」甚至我參與的房地產項目，負責銷售的同事也說：「如果安裝了這樣的櫃子，客廳看上去不夠寬敞，很難討客戶歡心，房子或許會不好賣。」（看了我家客廳的照片，你覺得看上去不寬敞嗎？）

坦白說，喜歡「表面看起來很寬敞的房子」是人之常情。畢竟，絕大部分的小家庭住戶都是首次置產。而對於「如何在面積不大的房子裡住得寬敞」這道難題，很少有人能在一開始就把握這個矛盾的本質。

我訪談過許多的住戶，那些剛搬進去時看起來寬敞舒適的客廳，往往住上不到幾年，就淪為雜物集中營，精心挑選的家具和飾品，全部淹沒於一片凌亂。

你想選擇只有最初兩年寬敞的房子，
還是住一間十年後依舊寬敞的房子？

有捨，才有得。

你，會如何選擇呢？

第 7 章

廚房只有一坪半，如何變大 30％？

—— 廚房三部曲：
　　高效布局、高效櫥櫃、高效收納

過去，廚房是這樣的

以前，對於大宅院裡的住戶而言，廚房的概念就是一個放在門口屋簷下的煤球爐。每到用餐時間，院子裡充滿油煙、菜香和煤球的味道。每天添煤球、倒煤渣，是再平常不過了。大概所有的70後、80後，都有類似的回憶吧？

那個年代的廚房裡，只有簡陋的灶具、火力極弱的爐具，電器則難得一見。除了一個木製碗櫥，幾乎沒有什麼收納家具。

1980's

現在，廚房是這樣的

第一個具現代意義的廚房，誕生於 20 世紀上半葉的德國。它由女性建築師瑪格麗特‧里奧茨基（Margarete Schütte-Lihotzky, 1897-2000）設計，強調高效能的操作動線、便利實用的儲物空間。

今天，在都市的小型住宅中，現代化的廚房已非常普遍。從廚房格局、櫥櫃配置到電器廚具，一應俱全。廚房不再是油汙凌亂的勞動場所，而是創作美食的愜意空間。

系統廚房
（SYSTEM KITCHEN）

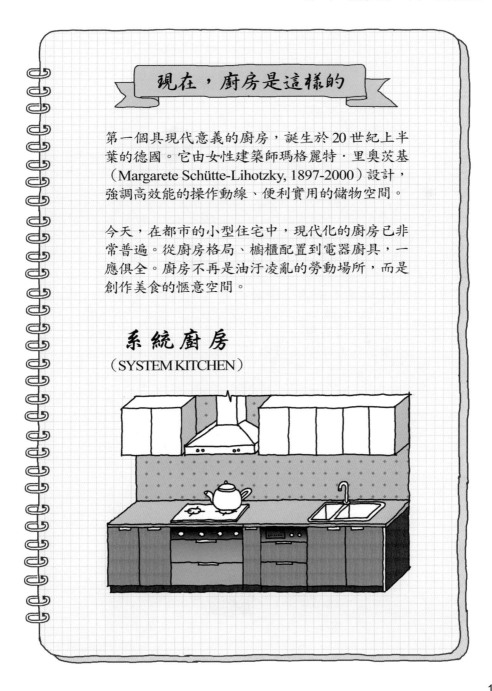

誰不想要大廚房？

「我夢想的家，一定要有一個 **大** 廚房。」

空間寬敞

櫥櫃整齊

電器先進

鍋具閃亮

但……多大算大？

我最近讀了一本《德國式簡約廚房模式 18 例》（*Küchenordnung in Deutschland*），書中「簡約廚房」的平均面積——大約 6 坪左右。然而，一般中小型家庭（面積 36 坪以下）廚房的平均面積，卻只有——1.2 ～ 2.1 坪左右。

這樣的落差，
大概相當於地球與火星表面積的差距……。

地球　　VS　　火星

開放式廚房令人神往？

一般住家的廚房只有 1.2 ～ 2.1 坪左右？
聽起來小得令人沮喪。

為此，有人提出
另一種可能：

既然廚房本身面積這麼小，那就應該做成
開放式！ ♥
把廚房和客廳、餐廳打通，不僅視野開闊，也更時尚有型！

寬敞

洋派

時尚

情調

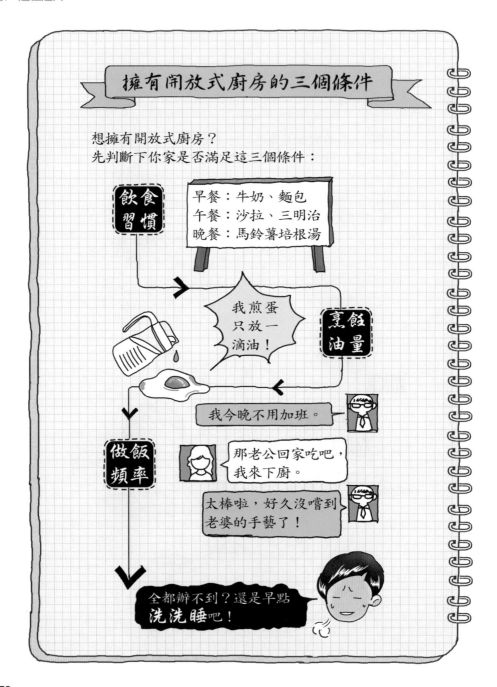

廚房的設計，很難施展

> 無法死心啊！難道沒有
> 其他創新做法嗎？

國內的建築師、室內設計師、櫥櫃設計師們，與廚房油煙及封閉格局的創新之戰，已經持續了十幾年。

無論是中西合璧、局部玻璃牆，還是開個遞菜口、牆面設個推拉式窗戶、餐檯區設個半高牆之類的做法，我在過去設計案中都曾嘗試過，但很遺憾，至今仍沒有哪種做法，是放諸四海皆準的。

所以，對於總面積在 18 ～ 36 坪中小型住宅的核心家庭（即父母＋子女，日常開伙）而言，

封閉式廚房仍是我個人最推崇的。

> 我的主戰場仍
> 是封閉式廚房！

廚房
KITCHEN
1.2 ～ 2.1 坪

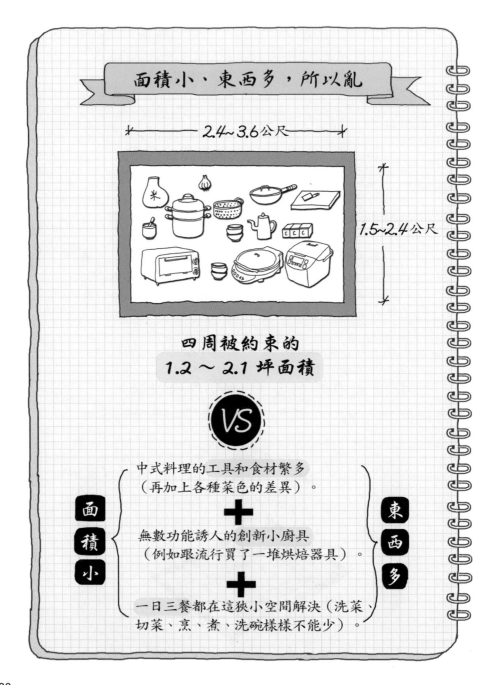

面積小、東西多，所以亂

2.4~3.6公尺

1.5~2.4公尺

四周被約束的
1.2 ~ 2.1 坪面積

VS

面積小

中式料理的工具和食材繁多
（再加上各種菜色的差異）。

＋

無數功能誘人的創新小廚具
（例如跟流行買了一堆烘焙器具）。

＋

一日三餐都在這狹小空間解決（洗菜、
切菜、烹、煮、洗碗樣樣不能少）。

東西多

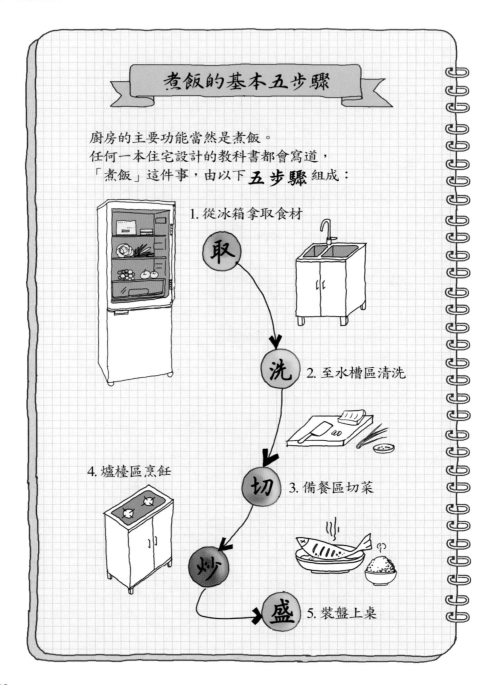

煮飯的基本五步驟

廚房的主要功能當然是煮飯。
任何一本住宅設計的教科書都會寫道，
「煮飯」這件事，由以下**五步驟**組成：

1. 從冰箱拿取食材

取

洗 2. 至水槽區清洗

4. 爐檯區烹飪

切 3. 備餐區切菜

炒

盛 5. 裝盤上桌

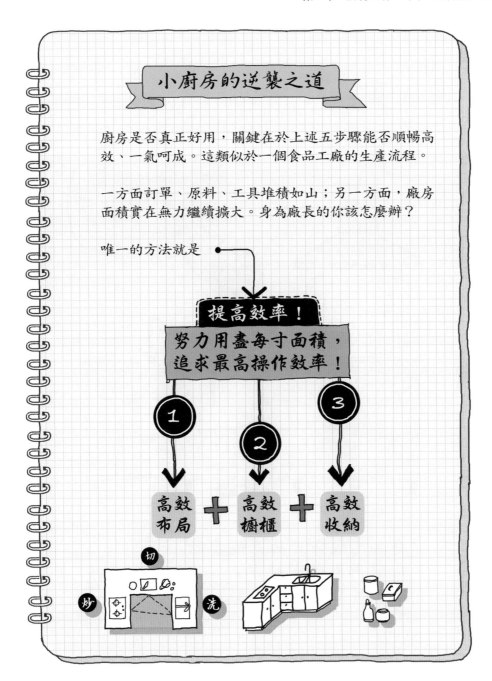

小廚房的逆襲之道

廚房是否真正好用，關鍵在於上述五步驟能否順暢高效、一氣呵成。這類似於一個食品工廠的生產流程。

一方面訂單、原料、工具堆積如山；另一方面，廠房面積實在無力繼續擴大。身為廠長的你該怎麼辦？

唯一的方法就是

提高效率！

努力用盡每寸面積，追求最高操作效率！

① ② ③

高效布局 ➕ **高效櫥櫃** ➕ **高效收納**

切 炒 洗

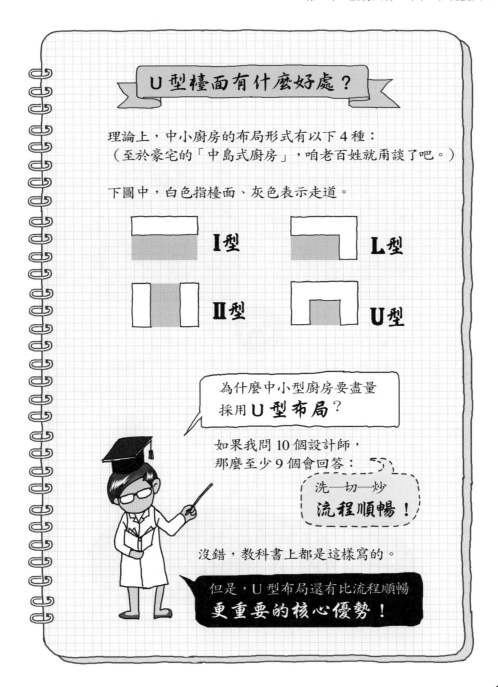

U 型檯面有什麼好處？

理論上，中小廚房的布局形式有以下 4 種：
（至於豪宅的「中島式廚房」，咱老百姓就甭談了吧。）

下圖中，白色指檯面、灰色表示走道。

I 型

L 型

II 型

U 型

為什麼中小型廚房要盡量
採用 **U 型布局**？

如果我問 10 個設計師，
那麼至少 9 個會回答：

洗—切—炒
流程順暢！

沒錯，教科書上都是這樣寫的。

但是，U 型布局還有比流程順暢
更重要的核心優勢！

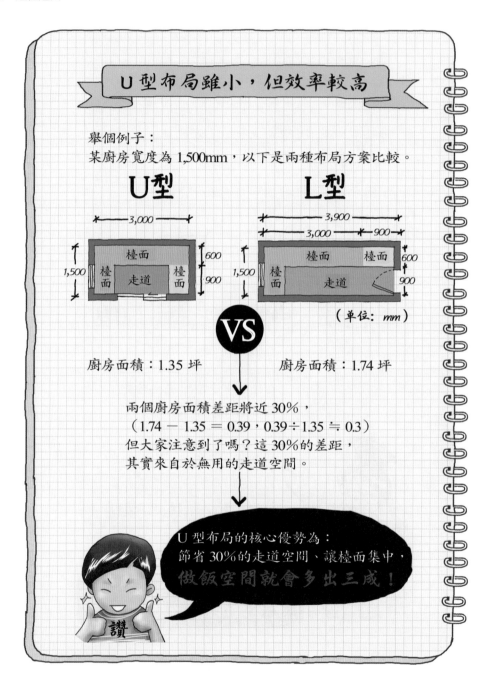

U型布局雖小，但效率較高

舉個例子：
某廚房寬度為 1,500mm，以下是兩種布局方案比較。

U型 　　　　　　　**L型**

廚房面積：1.35 坪　　　　　廚房面積：1.74 坪

兩個廚房面積差距將近30%，
（1.74 － 1.35 ＝ 0.39，0.39÷1.35 ≒ 0.3）
但大家注意到了嗎？這30%的差距，
其實來自於無用的走道空間。

U型布局的核心優勢為：
節省30%的走道空間、讓檯面集中，
做飯空間就會多出三成！

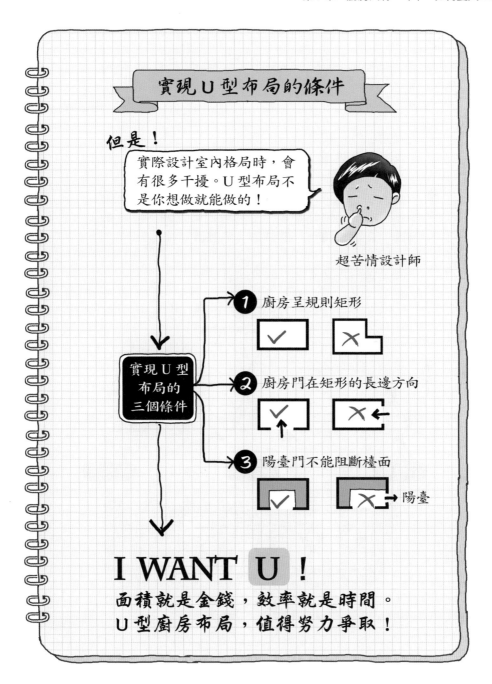

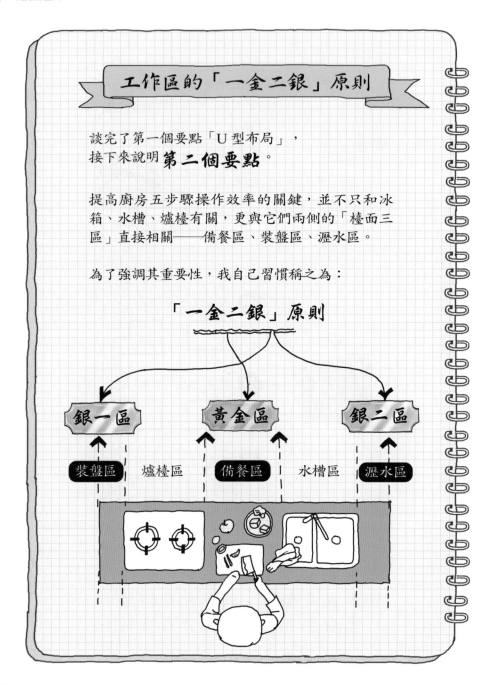

工作區的「一金二銀」原則

談完了第一個要點「U型布局」，
接下來說明**第二個要點**。

提高廚房五步驟操作效率的關鍵，並不只和冰箱、水槽、爐檯有關，更與它們兩側的「檯面三區」直接相關——備餐區、裝盤區、瀝水區。

為了強調其重要性，我自己習慣稱之為：

「一金二銀」原則

銀一區　　　　**黃金區**　　　　**銀二區**

裝盤區　爐檯區　　備餐區　　水槽區　瀝水區

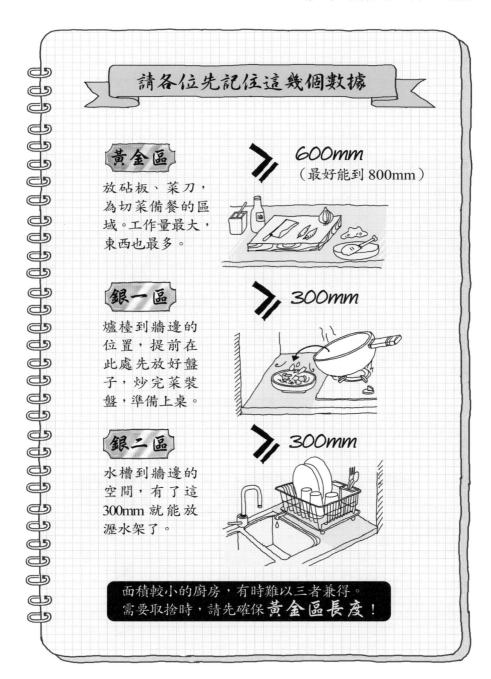

請各位先記住這幾個數據

黃金區

放砧板、菜刀，為切菜備餐的區域。工作量最大，東西也最多。

> 600mm
（最好能到 800mm）

銀一區

爐檯到牆邊的位置，提前在此處先放好盤子，炒完菜裝盤，準備上桌。

> 300mm

銀二區

水槽到牆邊的空間，有了這 300mm 就能放瀝水架了。

> 300mm

面積較小的廚房，有時難以三者兼得。
需要取捨時，請先確保**黃金區長度**！

189

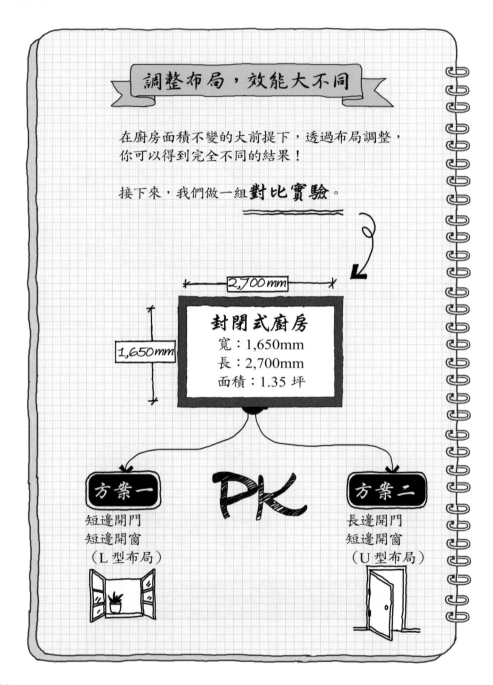

調整布局，效能大不同

在廚房面積不變的大前提下，透過布局調整，
你可以得到完全不同的結果！

接下來，我們做一組**對比實驗**。

2,700mm

1,650mm

封閉式廚房
寬：1,650mm
長：2,700mm
面積：1.35 坪

PK

方案一
短邊開門
短邊開窗
（L 型布局）

方案二
長邊開門
短邊開窗
（U 型布局）

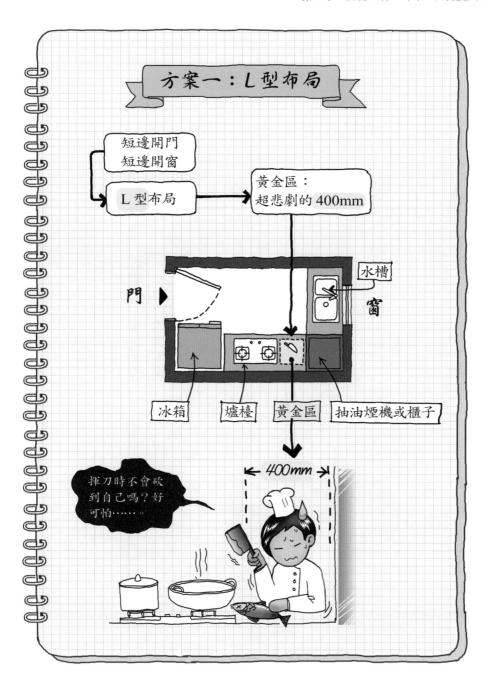

方案一：L型布局

短邊開門
短邊開窗

L 型布局

黃金區：
超悲劇的 400mm

門 ▶

水槽

窗

冰箱　　爐檯　　黃金區　　抽油煙機或櫃子

揮刀時不會砍到自己嗎？好可怕……。

◄ 400mm ►

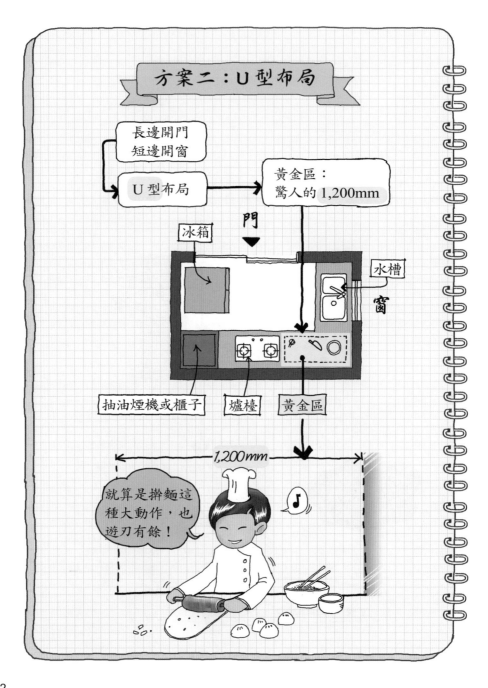

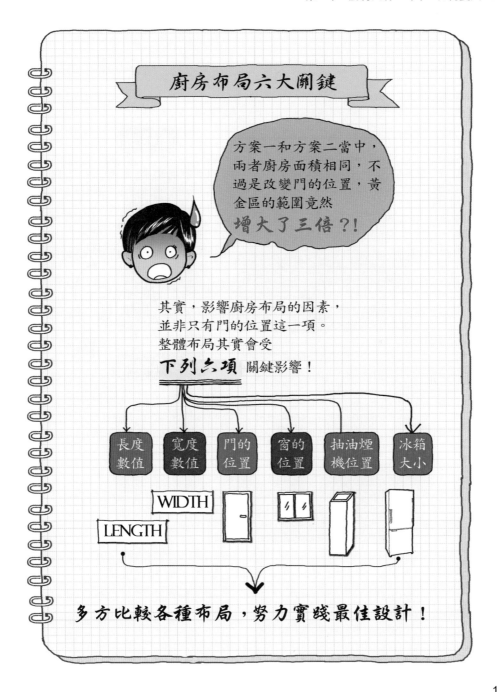

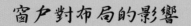

窗戶對布局的影響

普通窗

廚房最好能有對外窗，考慮到採光問題，窗前會優先考慮設置水槽。然而，過高的窗戶會讓你無法安裝吊櫃。

最佳化

橫向長條窗

如果能在設計階段就考慮設置橫向長條窗，那麼吊櫃就可以順利裝在窗戶上方，大幅提高收納容量。

此外，窗前設置水槽雖是常見做法，但不代表不能改變。在某些情況下，水槽不設在窗前，對整體櫥櫃布局會更有利。此時，在吊櫃底下安裝人工光源，就能彌補採光不足的問題。

抽油煙機對布局的影響

很多設計師喜歡把抽油煙機安裝在轉角位置（見下圖），但實際上這樣的安排會**破壞黃金區**的範圍。

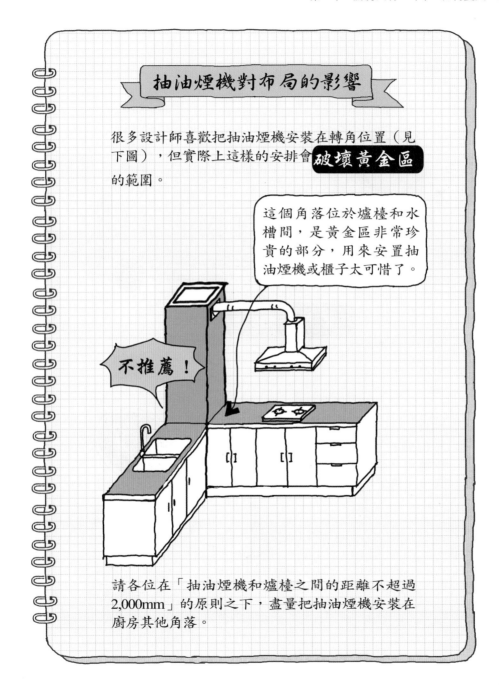

這個角落位於爐檯和水槽間，是黃金區非常珍貴的部分，用來安置抽油煙機或櫃子太可惜了。

不推薦！

請各位在「抽油煙機和爐檯之間的距離不超過2,000mm」的原則之下，盡量把抽油煙機安裝在廚房其他角落。

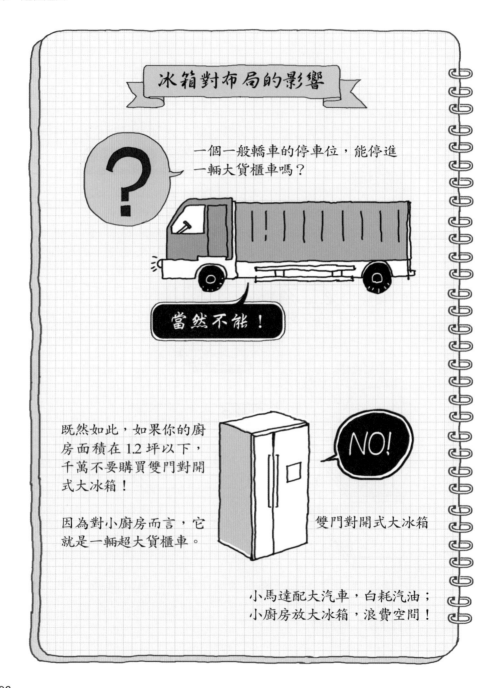

冰箱對布局的影響

一個一般轎車的停車位，能停進一輛大貨櫃車嗎？

當然不能！

既然如此，如果你的廚房面積在 1.2 坪以下，千萬不要購買雙門對開式大冰箱！

因為對小廚房而言，它就是一輛超大貨櫃車。

NO!

雙門對開式大冰箱

小馬達配大汽車，白耗汽油；
小廚房放大冰箱，浪費空間！

冰箱的尺寸，對於廚房功能布局會有很大影響。
我個人首推多門式冰箱，容積夠大、占地卻小。
其次，三門冰箱也是不錯的選擇。

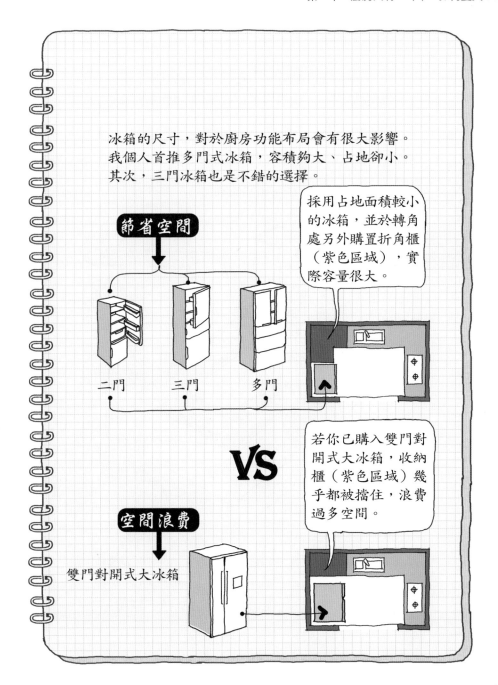

節省空間

採用占地面積較小
的冰箱，並於轉角
處另外購置折角櫃
（紫色區域），實
際容量很大。

二門　　　三門　　　多門

VS

空間浪費

雙門對開式大冰箱

若你已購入雙門對
開式大冰箱，收納
櫃（紫色區域）幾
乎都被擋住，浪費
過多空間。

我的御用推薦廚房布局

談了這麼多原理和數字，大家已經有點頭暈了吧？
畢竟廚房是住宅最複雜的空間，沒有之一！

在這裡推薦一款我的御用廚房布局：

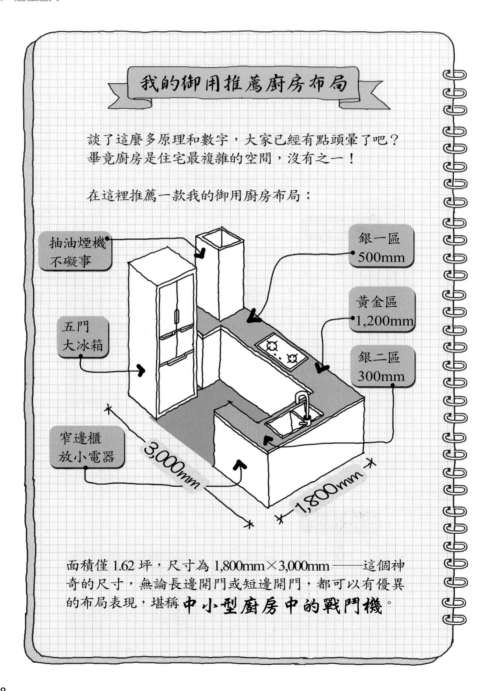

面積僅 1.62 坪，尺寸為 1,800mm×3,000mm──這個神奇的尺寸，無論長邊開門或短邊開門，都可以有優異的布局表現，堪稱**中小型廚房中的戰鬥機**。

還記得不等式之三嗎？

我想要個**大廚房**！

但什麼是「**大**」？

Bigger ≠ Better
越大不見得越好

「廚房面積」——

這個詞其實**藏有陷阱**。

1.2 坪的廚房和 2.1 坪的廚房，哪個好用？如果只講「面積」不知「布局」，這個問題根本無法回答。

與其怨嘆廚房太小，不如好好思考，妥善安排布局。即使面積小，也可以脫胎換骨！

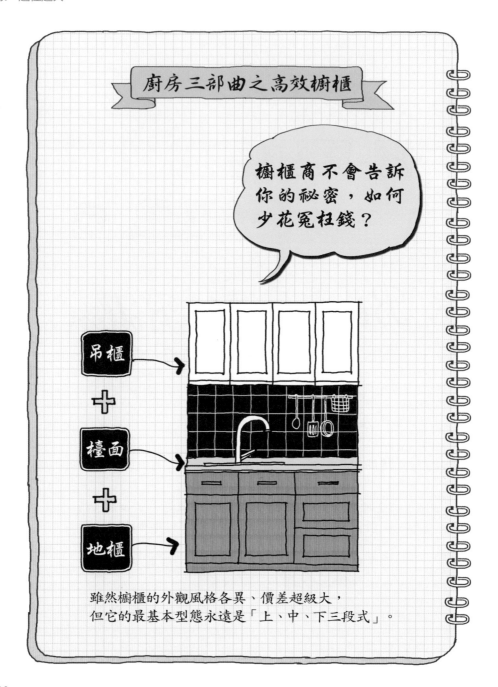

雖然櫥櫃的外觀風格各異、價差超級大，
但它的最基本型態永遠是「上、中、下三段式」。

櫥櫃不過把幾塊積木拼起來

櫥櫃看起來複雜、**專業**？
其實，它的基本原理幾乎和拼積木一樣**簡單**！

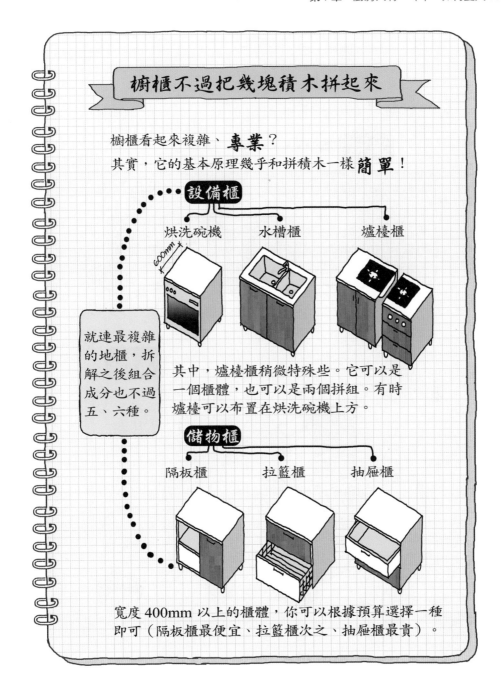

設備櫃

烘洗碗機　　水槽櫃　　爐檯櫃

600mm

就連最複雜的地櫃，拆解之後組合成分也不過五、六種。

其中，爐檯櫃稍微特殊些。它可以是一個櫃體，也可以是兩個拼組。有時爐檯可以布置在烘洗碗機上方。

儲物櫃

隔板櫃　　拉籃櫃　　抽屜櫃

寬度 400mm 以上的櫃體，你可以根據預算選擇一種即可（隔板櫃最便宜、拉籃櫃次之、抽屜櫃最貴）。

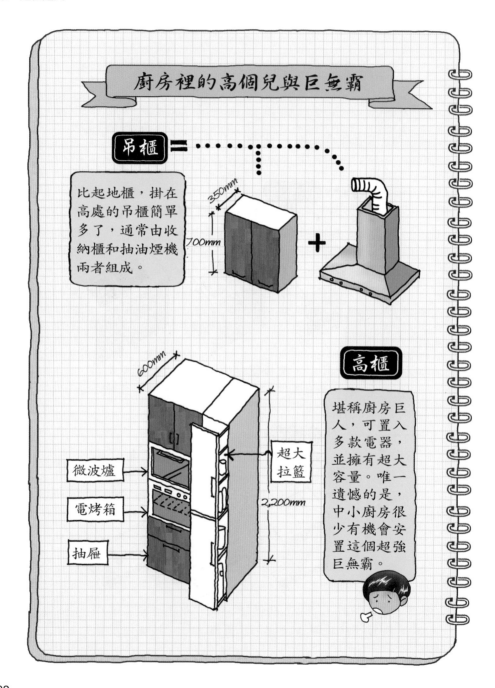

廚房裡的高個兒與巨無霸

吊櫃 ＝

比起地櫃，掛在高處的吊櫃簡單多了，通常由收納櫃和抽油煙機兩者組成。

350mm
700mm

＋

高櫃

600mm
2,200mm

微波爐
電烤箱
抽屜

超大拉籃

堪稱廚房巨人，可置入多款電器，並擁有超大容量。唯一遺憾的是，中小廚房很少有機會安置這個超強巨無霸。

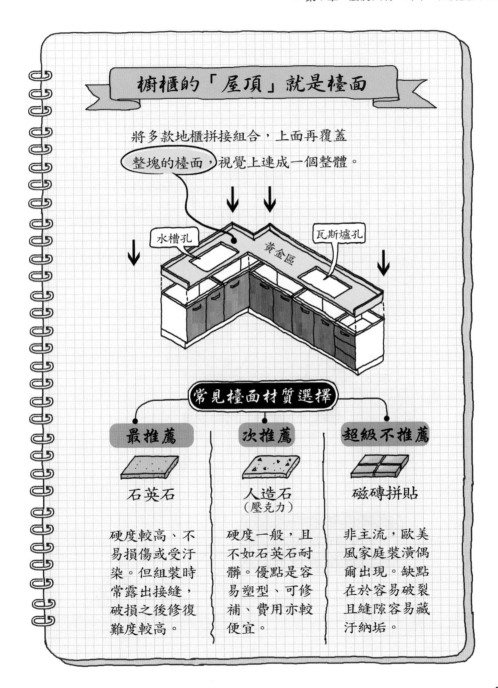

櫥櫃的「屋頂」就是檯面

將多款地櫃拼接組合，上面再覆蓋 整塊的檯面，視覺上連成一個整體。

水槽孔　黃金區　瓦斯爐孔

常見檯面材質選擇

最推薦

石英石

硬度較高、不易損傷或受汙染。但組裝時常露出接縫，破損之後修復難度較高。

次推薦

人造石 （壓克力）

硬度一般，且不如石英石耐髒。優點是容易塑型、可修補、費用亦較便宜。

超級不推薦

磁磚拼貼

非主流，歐美風家庭裝潢偶爾出現。缺點在於容易破裂且縫隙容易藏汙納垢。

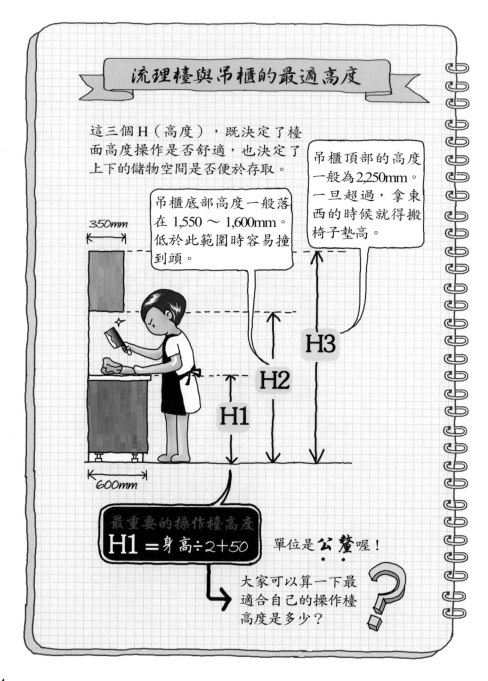

流理檯與吊櫃的最適高度

這三個 H（高度），既決定了檯面高度操作是否舒適，也決定了上下的儲物空間是否便於存取。

吊櫃底部高度一般落在 1,550～1,600mm。低於此範圍時容易撞到頭。

吊櫃頂部的高度一般為 2,250mm。一旦超過，拿東西的時候就得搬椅子墊高。

350mm

H3

H2

H1

600mm

最重要的操作檯高度

H1 ＝ 身高÷2+50

單位是**公釐**喔！

大家可以算一下最適合自己的操作檯高度是多少？

第四個特殊的 H

如前文所述,櫥櫃本是舶來品,因此很多細節考量都源自西方人的烹飪習慣,例如爐檯的高度(H4):

通常,**爐檯高度要等於操作檯高度(H1)**。
這對於以平底鍋為主要鍋具的西方人而言沒什麼問題。但中式炒鍋的把手位置比平底鍋高出 50mm,且近幾年高級炒鍋越做越重,非常考驗「小隻女」的腕力!

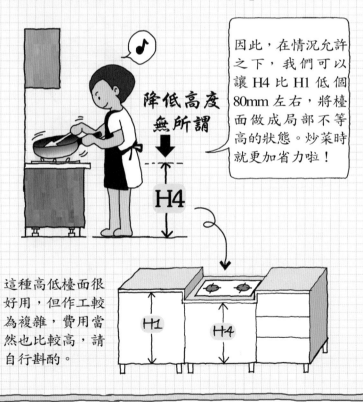

因此,在情況允許之下,我們可以讓 H4 比 H1 低個 80mm 左右,將檯面做成局部不等高的狀態。炒菜時就更加省力啦!

降低高度無所謂

H4

H1   H4

這種高低檯面很好用,但作工較為複雜,費用當然也比較高,請自行斟酌。

205

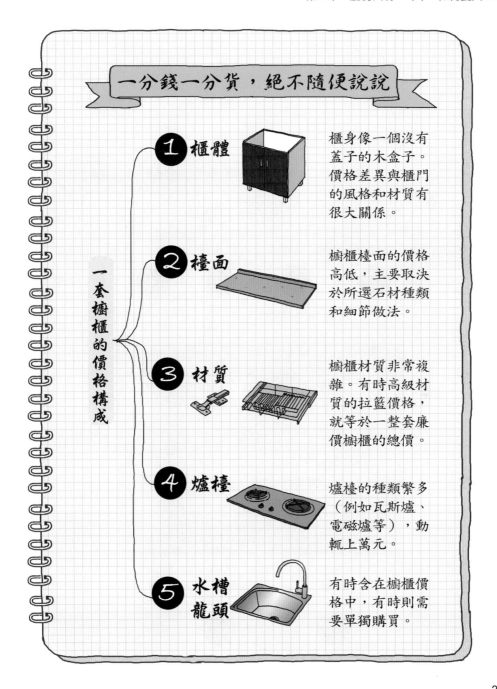

一分錢一分貨，絕不隨便說說

一套櫥櫃的價格構成

1 櫃體
櫃身像一個沒有蓋子的木盒子。價格差異與櫃門的風格和材質有很大關係。

2 檯面
櫥櫃檯面的價格高低，主要取決於所選石材種類和細節做法。

3 材質
櫥櫃材質非常複雜。有時高級材質的拉籃價格，就等於一整套廉價櫥櫃的總價。

4 爐檯
爐檯的種類繁多（例如瓦斯爐、電磁爐等），動輒上萬元。

5 水槽龍頭
有時含在櫥櫃價格中，有時則需要單獨購買。

最不推薦的 6 大櫥櫃 NG 設計

下圖的櫥櫃乍看之下沒什麼問題吧？

其實，這 6 個部分是我最 **不推薦的櫥櫃 NG 設計！**

這些經驗源自我過去十多年的工作經驗。
我歷經各種室內設計、實地施工、售後回訪。
每一次的經驗背後，都曾付出很大的代價。

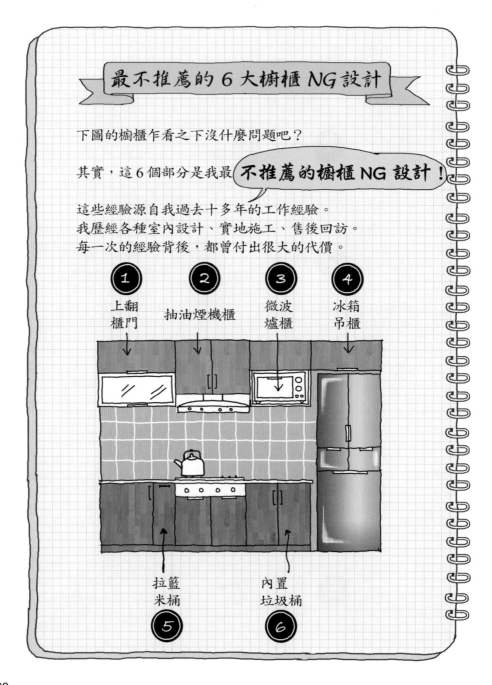

1 上翻櫃門

2 抽油煙機櫃

3 微波爐櫃

4 冰箱吊櫃

5 拉籃米桶

6 內置垃圾桶

NG 設計 1：上翻櫃門

這種上翻吊櫃門造型美觀，設計獨特、簡潔時尚，深受許多設計師喜愛。

但向上翻開之後，門把高度往往瞬間超過 2,100mm，一般女性踮起腳也搆不到，實際利用率低。

H=2,100mm

這種設計是想羞辱我長得矮嗎？

踮腳！

So　建議採用最簡單常見的對開門，除了較為實用之外，價錢也親民多了。

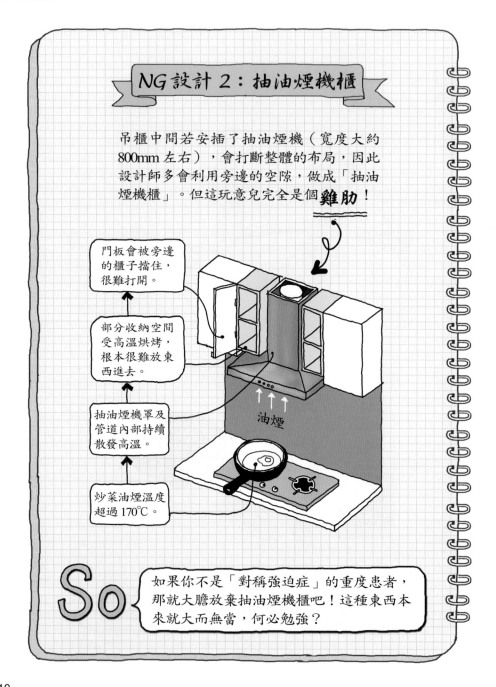

NG 設計 2：抽油煙機櫃

吊櫃中間若安插了抽油煙機（寬度大約 800mm 左右），會打斷整體的布局，因此設計師多會利用旁邊的空隙，做成「抽油煙機櫃」。但這玩意兒完全是個**雞肋**！

門板會被旁邊的櫃子擋住，很難打開。

部分收納空間受高溫烘烤，根本很難放東西進去。

抽油煙機罩及管道內部持續散發高溫。

油煙

炒菜油煙溫度超過 170℃。

So 如果你不是「對稱強迫症」的重度患者，那就大膽放棄抽油煙機櫃吧！這種東西本來就大而無當，何必勉強？

NG 設計 3：微波爐吊櫃

1,550mm

A

不推薦理由

微波爐吊櫃距地大約 1,550mm，對於國內一般身高的主婦而言，這個高度已超過水平視線，甚至高於頭頂。如果使用微波爐加熱帶湯汁的食物，由於看不見正確位置，傾灑風險非常高。

微波爐放太高就已經是個問題了，其上方的櫃子就更不用想，根本很少用到。

推薦做法

我推薦使用 L 型支架，直接把微波爐懸空固定在吊櫃和地櫃之間的牆面（上圖 A 的位置），這樣微波爐距離地面僅 1,100mm 左右，不但取用方便，更不會占用吊櫃空間。2 根支架的花費不會超過 100 元。

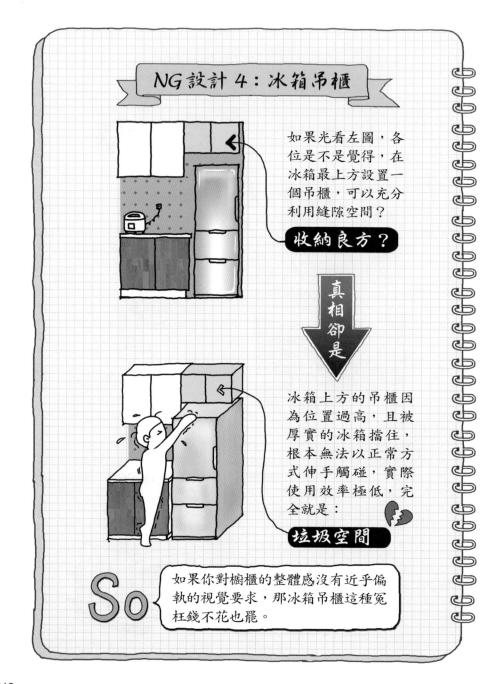

NG 設計 4：冰箱吊櫃

如果光看左圖，各位是不是覺得，在冰箱最上方設置一個吊櫃，可以充分利用縫隙空間？

收納良方？

真相卻是

冰箱上方的吊櫃因為位置過高，且被厚實的冰箱擋住，根本無法以正常方式伸手觸碰，實際使用效率極低，完全就是：

垃圾空間

So

如果你對櫥櫃的整體感沒有近乎偏執的視覺要求，那冰箱吊櫃這種冤枉錢不花也罷。

NG 設計 5：拉籃米桶

從超市買回來的袋裝米不易保存，且米袋本身軟趴趴的，很難收納。

米

因此，不知道何時開始，廚房櫥櫃中多了「拉籃米桶」這種功能。它的設計初衷很好，可嵌入地櫃內且完全隱形。

遺憾的是，實際生活中這種米桶的

閒置率非常高

不習慣

不常做飯

不方便

不易清掃

容易生蟲

So 不必花錢做這種多餘的設計，另外買個密封塑膠米桶簡單又實用，價格只需拉籃米桶的十分之一左右！

NG 設計 6：內置垃圾桶

還記得多年前，我接手第一個室內裝潢案時，曾到某高級住宅實地考察。其中一戶安裝了當時最流行的地櫃內置垃圾桶。

飛！

就在我拉開地櫃門準備拍照的瞬間，一隻超大蟑螂直接飛出來！而且

撲到我身上！！

從那天起，一聽到「內置垃圾桶」這個詞，我就會產生強烈的排斥感！

嘔！！

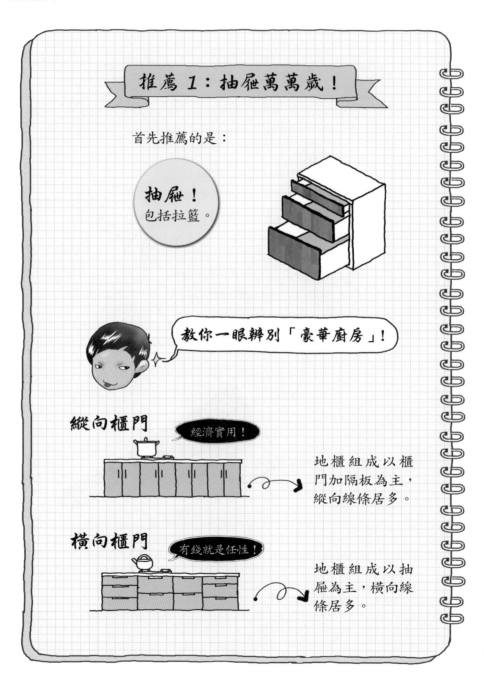

推薦 1：抽屜萬萬歲！

首先推薦的是：

抽屜！
包括拉籃。

教你一眼辨別「豪華廚房」！

縱向櫃門

經濟實用！

地櫃組成以櫃門加隔板為主，縱向線條居多。

橫向櫃門

有錢就是任性！

地櫃組成以抽屜為主，橫向線條居多。

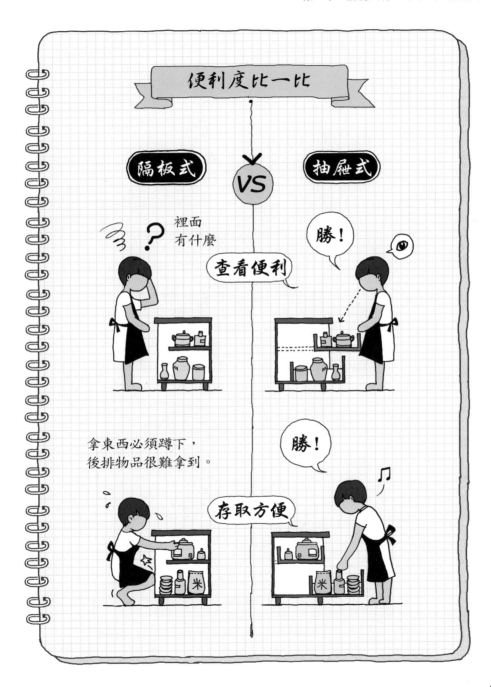

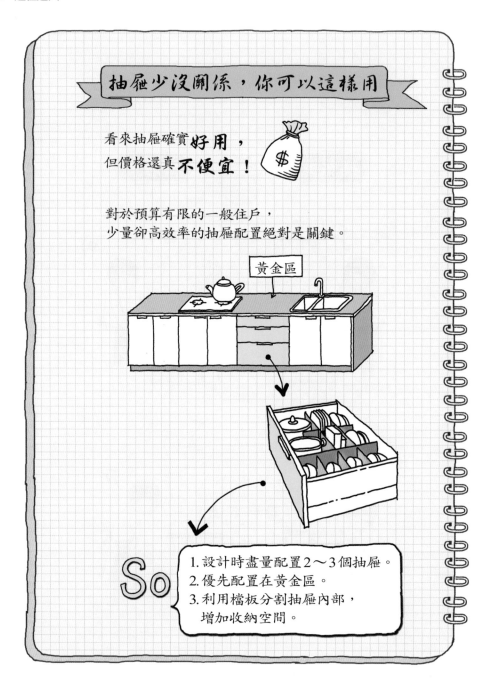

抽屜少沒關係，你可以這樣用

看來抽屜確實**好用**，
但價格還真**不便宜！**

對於預算有限的一般住戶，
少量卻高效率的抽屜配置絕對是關鍵。

黃金區

So

1. 設計時盡量配置2～3個抽屜。
2. 優先配置在黃金區。
3. 利用檔板分割抽屜內部，
　 增加收納空間。

活用抽屜、更多便利

除了以黃金區為優先外，抽屜還可以設置在高頻率動作區域，和狹窄分割的櫃體區域。

300mm

不常用的
小型工具

保鮮盒、
封口夾

保鮮膜、
烘焙紙

舉個例子：

我家的櫥櫃在靠近冰箱的位置，有一段寬度 300mm 的櫃體空間。這裡如果採用普通櫃門，則外窄內深，不便使用。所以，我採用了 3 個小抽屜替代。

由於其位置靠近冰箱，小抽屜可放置保鮮膜之類的物件，用的時候非常順手。

每天頻繁使用的物品放上層抽屜，偶爾使用的東西放下層抽屜。

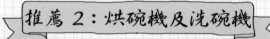

推薦 2：烘碗機及洗碗機

防堵小強必備

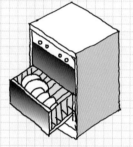

3,000 ～ 5,000 元左右

烘碗機

交屋後回訪住戶時，有些人覺得烘碗機沒什麼用，這真教我驚呆！

由於高樓結構上下貫通，蟑螂往往整棟樓到處跑。我家使用烘碗機已有多年，光潔的碗筷使用起來，和那些帶有水漬的真的差很大！

洗碗機

經濟條件較優渥的，可考慮將烘碗機升級為烘洗碗機（兼有乾燥功能）。之後就再也不用煩惱今天該誰洗碗的問題了。

洗碗當然要用水，所以千萬記得預留進水口及排水口喔！

用過的都說讚！

位置盡量靠近水槽

1 萬 5,000 元～ 2 萬元左右

推薦 3：盲櫃／轉角拉籃

凡是採用 L 型或 U 型檯面，在直角位置會自然產生盲櫃／轉角櫃：

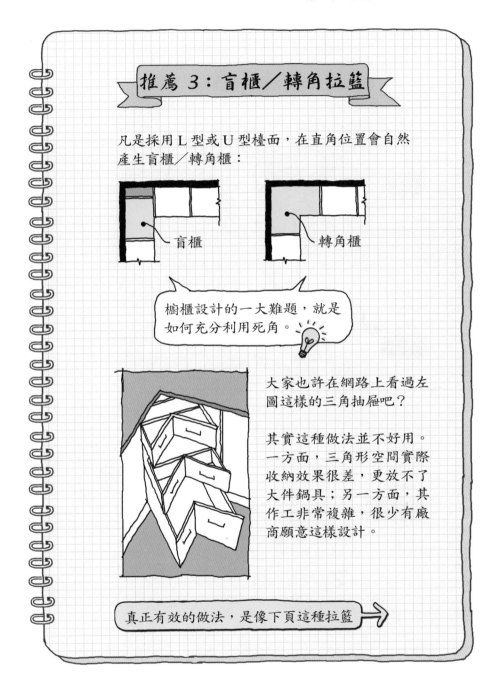

盲櫃

轉角櫃

> 櫥櫃設計的一大難題，就是如何充分利用死角。

大家也許在網路上看過左圖這樣的三角抽屜吧？

其實這種做法並不好用。一方面，三角形空間實際收納效果很差，更放不了大件鍋具；另一方面，其作工非常複雜，很少有廠商願意這樣設計。

真正有效的做法，是像下頁這種拉籃 →

221

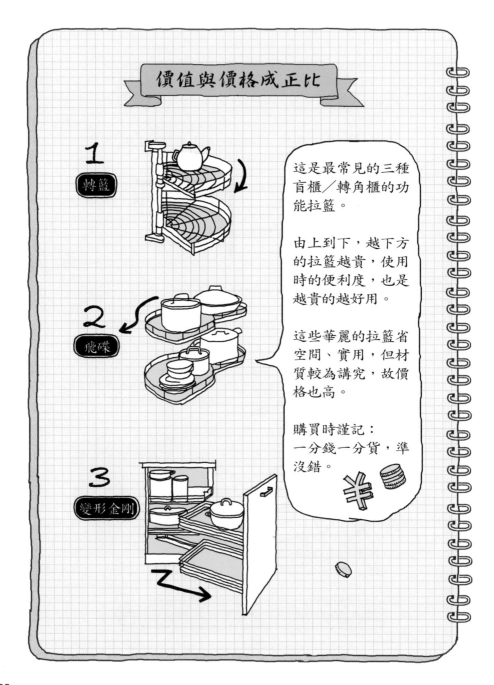

價值與價格成正比

1 轉籃

2 飛碟

3 變形金剛

這是最常見的三種盲櫃／轉角櫃的功能拉籃。

由上到下，越下方的拉籃越貴，使用時的便利度，也是越貴的越好用。

這些華麗的拉籃省空間、實用，但材質較為講究，故價格也高。

購買時謹記：
一分錢一分貨，準沒錯。

推薦 4：吊櫃底燈

天花板頂燈　　　　　　　　　　吊櫃底燈

秒懂了吧？

立刻亮燈

揮一揮手

隨著 LED 的普及，櫃底燈具越做越薄。洗菜、切菜後不必手濕濕的摸開關，揮手即可感應點亮！

價格不高，功用很大！

櫃底燈具分為電線式和電池式。預算充足的話，比較建議採用前者，並在設計時預留電線位置。

推薦 5：水槽周邊的設計

水槽是廚房使用最頻繁的區域。
以下推薦幾款基本產品：

高型水龍頭

選高個子

高型水龍頭已十分主
流，但偶爾還是有住
戶堅持安裝低型水龍
頭，這樣洗鍋子時很
容易卡到。

淨水器孔

現在有越來越多家庭
選擇安裝淨水器，水
槽本身預留孔穴（一
般稱為給皂器孔）可
省去檯面後期打洞的
麻煩。

瀝水籃

水槽旁如果沒有空間預留 300mm 的
「銀二區」，另買一個可拆卸的瀝
水籃，會比單獨的瀝水架省空間。

不占地

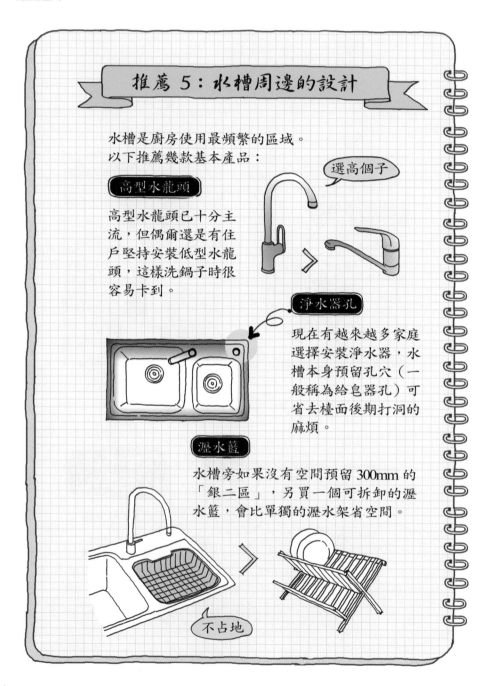

推薦 6：檯面的細節巧思

檯面的材質選擇，必須考慮是否耐汙、易清潔。無論選擇石英石還是人造石，都盡量不要挑選過淺的純色。帶有麻布質感、顆粒感的米色或灰色是首選。

而在細節方面，也值得多花一點心思和小錢。對於滲水和櫃體的保護效果較佳。

下面以人造壓克力石為例說明：

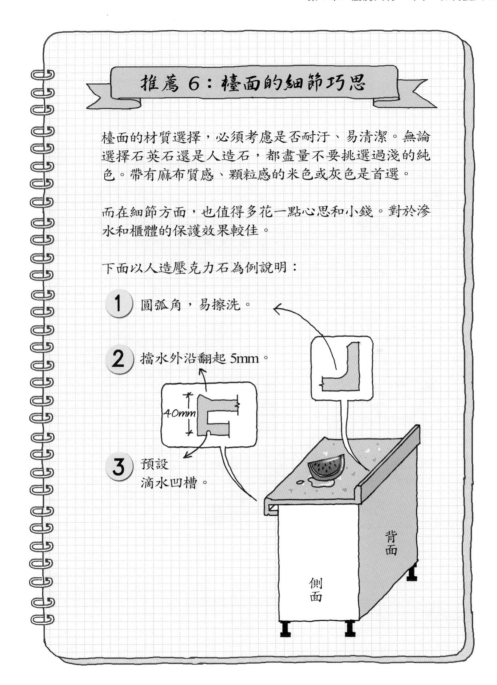

1　圓弧角，易擦洗。

2　擋水外沿翻起 5mm。

40mm

3　預設
滴水凹槽。

背面

側面

有了高效的布局及櫥櫃之後，就該透過妥善收納，來實踐最大儲物量，讓存取更加便利。

收納前先清乾淨

廚房不只是食品和工具的倉庫，更是享受烹飪樂趣、能讓心情舒緩的空間。

以現在都市的房價，區區買個小廚房也得花上 25 萬～ 50 萬元，再加上昂貴的櫥櫃，花費就更高了，你怎能不好好珍惜這寸土寸金的寶貴空間？

開始動手收納之前，務必先完成廚房的清理。

沒有用的物品要 **堅決丟棄！**

只收納有價值的東西

清　乾　淨　再　談　收　納 !!

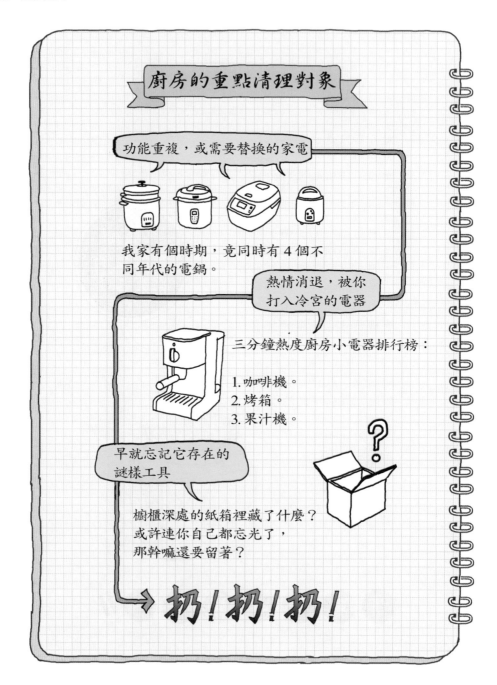

廚房的重點清理對象

功能重複，或需要替換的家電

我家有個時期，竟同時有 4 個不
同年代的電鍋。

熱情消退，被你
打入冷宮的電器

三分鐘熱度廚房小電器排行榜：

1. 咖啡機。
2. 烤箱。
3. 果汁機。

早就忘記它存在的
謎樣工具

櫥櫃深處的紙箱裡藏了什麼？
或許連你自己都忘光了，
那幹嘛還要留著？

➔ 扔！扔！扔！

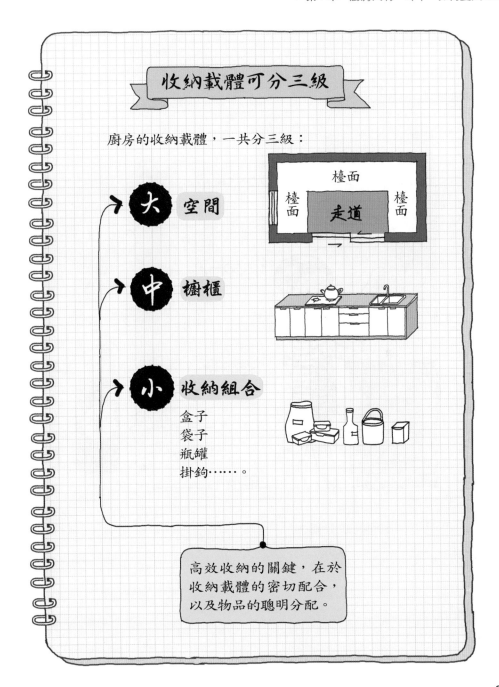

收納載體可分三級

廚房的收納載體，一共分三級：

大 空間

中 櫥櫃

小 收納組合

盒子
袋子
瓶罐
掛鉤……。

高效收納的關鍵，在於
收納載體的密切配合，
以及物品的聰明分配。

229

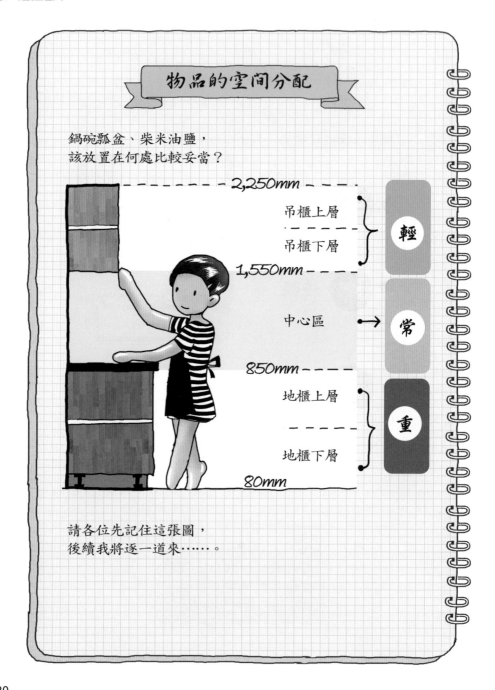

物品的空間分配

鍋碗瓢盆、柴米油鹽，
該放置在何處比較妥當？

請各位先記住這張圖，
後續我將逐一道來……。

中心區只放常用物品

位於櫥櫃中部的中心區，堪稱廚房的 CBD（Central Business District，中心商務區），廚房的各項業務，都在這個心臟地帶繁忙開展。

這裡寸土寸金，無論廚具、電器還是調味品，假如不是「**每天**」、「**每餐**」頻繁使用，請不要占用這塊最寶貴的區域！

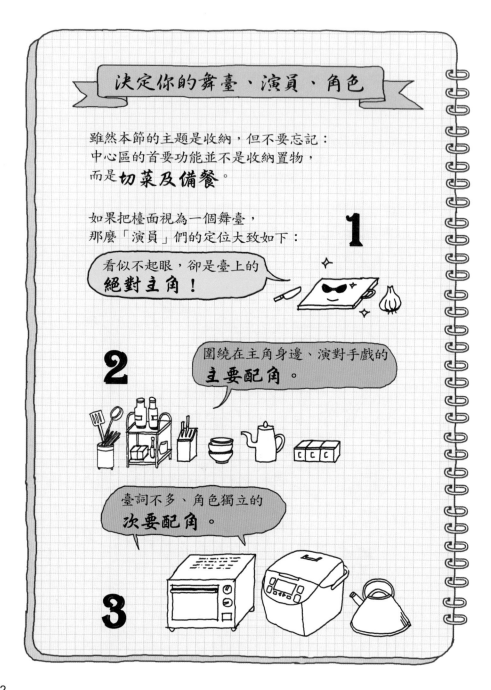

決定你的舞臺、演員、角色

雖然本節的主題是收納，但不要忘記：
中心區的首要功能並不是收納置物，
而是**切菜及備餐**。

如果把檯面視為一個舞臺，
那麼「演員」們的定位大致如下：

1

看似不起眼，卻是臺上的
絕對主角！

2

圍繞在主角身邊、演對手戲的
主要配角。

臺詞不多、角色獨立的
次要配角。

3

檯面是華麗的舞臺，不是凌亂的後臺

如果不分主次，所有演員一擁而上，原本就狹窄的舞臺
將更加擁擠不堪，如同後臺一樣凌亂。

於是，可憐的主角——砧板君，如同被一堆雜魚角色搶
戲的主角一樣，被擠得連立足之地都沒了！

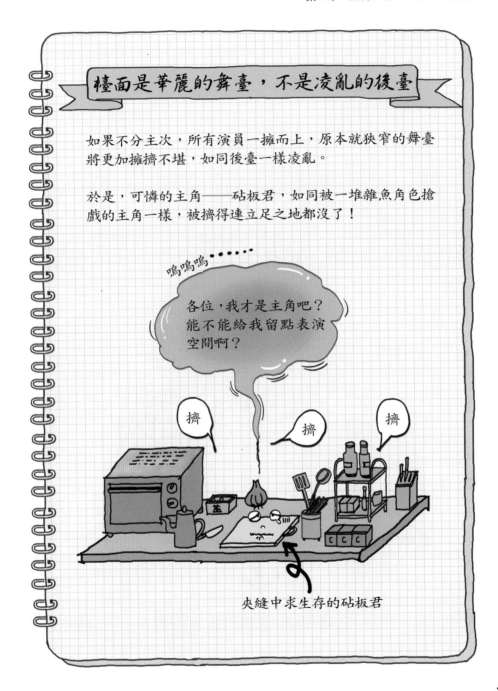

夾縫中求生存的砧板君

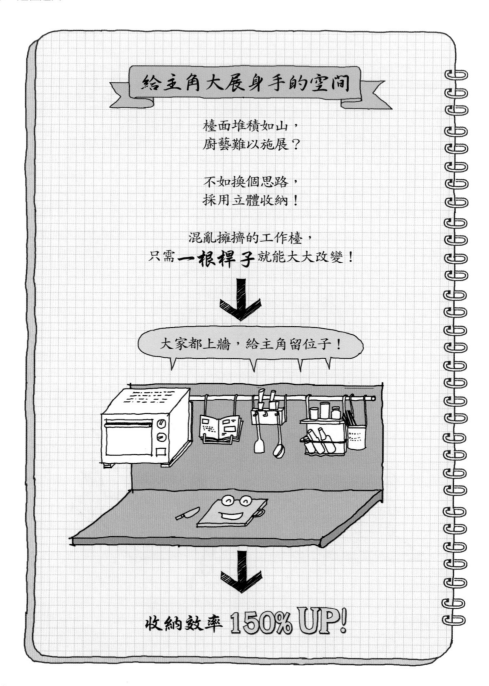

收納效率 150% UP!

收納好幫手：桿子與鉤子

光是一根桿子還不夠看，你得搭配各式鉤子才能發揮收納妙用。

最常見的就是以 S 形掛鉤懸掛各類物件。

牆面外顯設計

最常見，IKEA 就有各式各樣的掛桿系統。其優點是簡單、實用、便宜，缺點在於得先在磁磚打洞、以「泡棉膠＋螺絲」固定。各位一定要克服「打洞」這個心理障礙，千萬不要偷懶採用牆面貼紙或吸盤，遲早會因不堪重量而脫落。

掛鉤

以泡棉膠＋螺絲固定

牆面隱形設計

常見於高級進口整體廚房，相當於在非磁磚材質的壁面中嵌入暗槽，搭配各種專用掛鉤使用。優點是整齊乾淨、無須打洞；缺點是尚未普及、更換時資源較少。

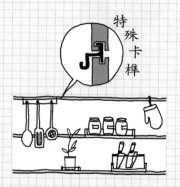

特殊卡榫

三種高效率的收納組合

桿子除了搭配最基本的 S 形掛鉤外，
還有多種功能超強的組合，
下列三種是我個人最推薦的搭配法：

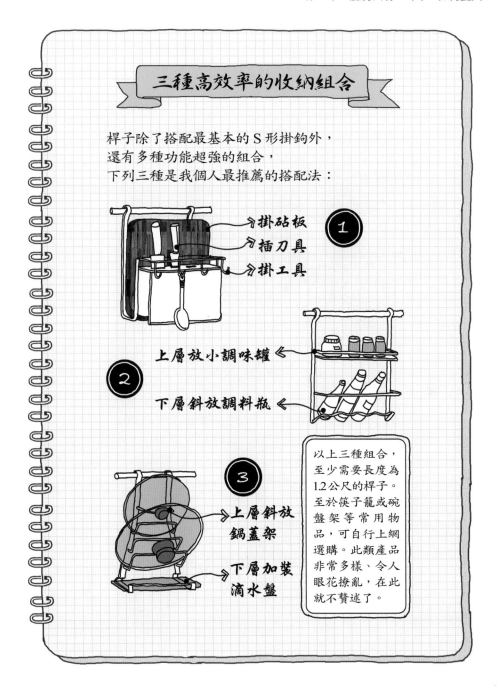

① →掛砧板
→插刀具
→掛工具

② 上層放小調味罐 ←
下層斜放調料瓶 ←

③ →上層斜放
鍋蓋架
→下層加裝
滴水盤

以上三種組合，
至少需要長度為
1.2 公尺的桿子。
至於筷子籠或碗
盤架等常用物
品，可自行上網
選購。此類產品
非常多樣、令人
眼花撩亂，在此
就不贅述了。

窗前水槽區也可以掛

水槽區常位於窗前，是廚房的重點操作區域。這裡有不少物品常是半濕狀態，難以收納。如果在此處利用掛桿，問題便迎刃而解！

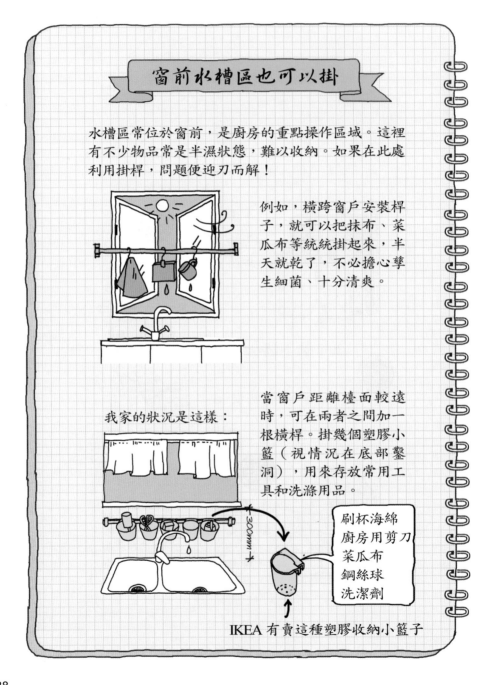

例如，橫跨窗戶安裝桿子，就可以把抹布、菜瓜布等統統掛起來，半天就乾了，不必擔心孳生細菌、十分清爽。

我家的狀況是這樣：

當窗戶距離檯面較遠時，可在兩者之間加一根橫桿。掛幾個塑膠小籃（視情況在底部鑿洞），用來存放常用工具和洗滌用品。

刷杯海綿
廚房用剪刀
菜瓜布
鋼絲球
洗潔劑

IKEA 有賣這種塑膠收納小籃子

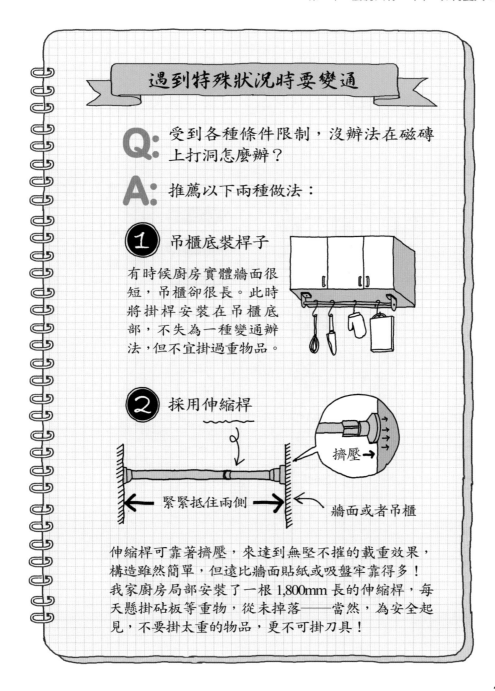

遇到特殊狀況時要變通

Q: 受到各種條件限制，沒辦法在磁磚上打洞怎麼辦？

A: 推薦以下兩種做法：

① 吊櫃底裝桿子

有時候廚房實體牆面很短，吊櫃卻很長。此時將掛桿安裝在吊櫃底部，不失為一種變通辦法，但不宜掛過重物品。

② 採用伸縮桿

擠壓➡

緊緊抵住兩側

牆面或者吊櫃

伸縮桿可靠著擠壓，來達到無堅不摧的載重效果，構造雖然簡單，但這比牆面貼紙或吸盤牢靠得多！我家廚房局部安裝了一根 1,800mm 長的伸縮桿，每天懸掛砧板等重物，從未掉落──當然，為安全起見，不要掛太重的物品，更不可掛刀具！

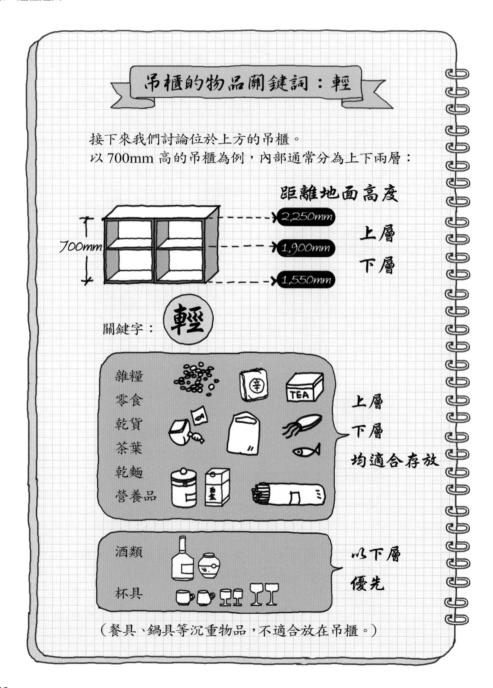

吊櫃的物品關鍵詞：輕

接下來我們討論位於上方的吊櫃。

以 700mm 高的吊櫃為例，內部通常分為上下兩層：

距離地面高度

2,250mm ── 上層
1,900mm
1,550mm ── 下層

關鍵字：輕

雜糧
零食
乾貨
茶葉
乾麵
營養品

上層
下層
均適合存放

酒類

杯具

以下層
優先

（餐具、鍋具等沉重物品，不適合放在吊櫃。）

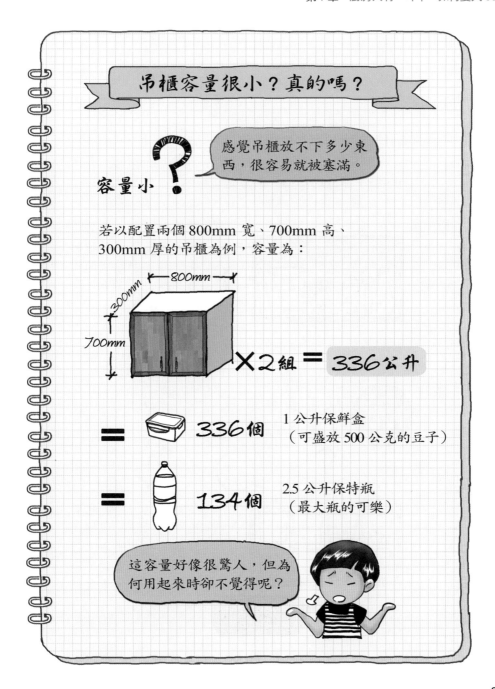

吊櫃容量很小？真的嗎？

容量小 ?

> 感覺吊櫃放不下多少東西，很容易就被塞滿。

若以配置兩個 800mm 寬、700mm 高、300mm 厚的吊櫃為例，容量為：

×2組 = **336公升**

= **336個** 1 公升保鮮盒（可盛放 500 公克的豆子）

= **134個** 2.5 公升保特瓶（最大瓶的可樂）

> 這容量好像很驚人，但為何用起來時卻不覺得呢？

儲物盒是吊櫃的最佳戰友

為什麼吊櫃的容量和實際使用狀況差這麼大？
其實，問題在於你沒有充分利用吊櫃的**立體空間**。
打開很多家庭的吊櫃，景象是這樣的：

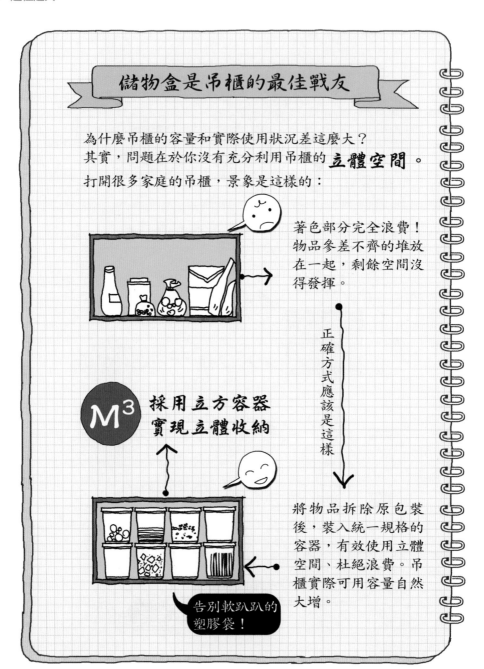

著色部分完全浪費！
物品參差不齊的堆放
在一起，剩餘空間沒
得發揮。

正確方式應該是這樣

M³ 採用立方容器
實現立體收納

告別軟趴趴的
塑膠袋！

將物品拆除原包裝
後，裝入統一規格的
容器，有效使用立體
空間、杜絕浪費。吊
櫃實際可用容量自然
大增。

照這四點買儲物盒，準沒錯

按照下列四項標準挑選儲物盒，保證不會買錯！
建議你選擇大品牌，材質會更有保障。

系列

儲物盒絕對不可單買一個，最好配合櫃子的尺寸買一整套，相互搭配之下效能更強。另考慮到疊放方便，蓋子最好買平的。

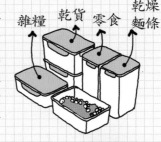

雜糧　乾貨　零食　乾燥麵條

透明

透明可視，即使不打開也能一眼看見內部食材的儲備量。

方形　同樣尺寸的長方形容器，空間利用率比圓柱形容器多出近三分之一。

容積比較　 ： ＝4：π

密封

密封性能好，有助於保護食材不受潮、不被氧化，因此蓋子上是否附有密封膠圈是一大關鍵。

吊櫃上層的東西怎麼拿？

吊櫃上層距離地面大約 1,900mm 左右，與一伸手就能搆到深處物品的吊櫃下層大不相同。

尤其人站在櫥櫃下方，腰部前面還卡了一個地櫃的寬度，1,900mm 幾乎是正常身高女性能拿取物品高度的上限。

換句話說，對於上層吊櫃而言，下圖層板最邊緣**位置 1**，是最容易拿取的。

——這就是突破吊櫃上層收納的關鍵點！☆

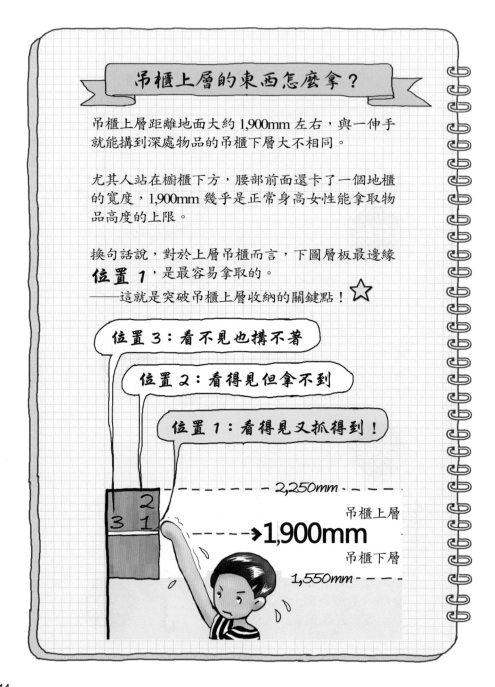

位置 3：看不見也搆不著

位置 2：看得見但拿不到

位置 1：看得見又抓得到！

- - 2,250mm - - -

吊櫃上層

→**1,900mm**

吊櫃下層

1,550mm - - -

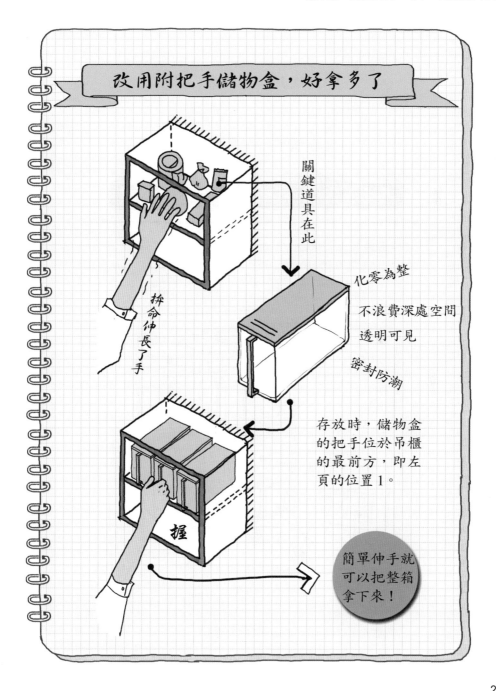

改用附把手儲物盒，好拿多了

關鍵道具在此

拚命伸長了手

化零為整

不浪費深處空間

透明可見

密封防潮

存放時，儲物盒的把手位於吊櫃的最前方，即左頁的位置1。

握

簡單伸手就可以把整箱拿下來！

245

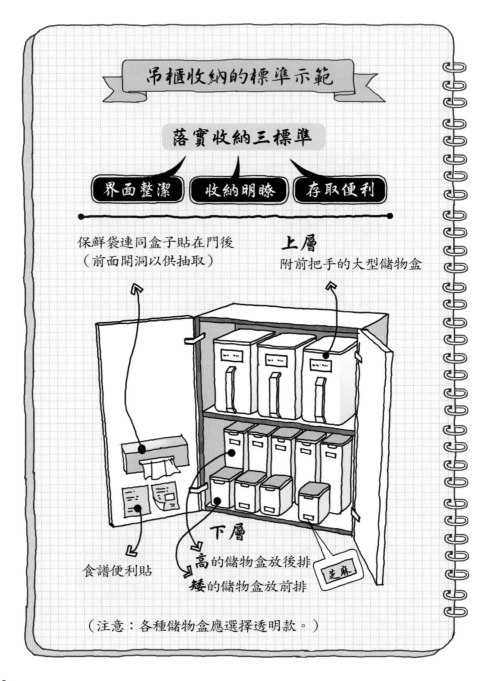

吊櫃收納的標準示範

落實收納三標準

界面整潔　收納明瞭　存取便利

保鮮袋連同盒子貼在門後
（前面開洞以供抽取）

上層
附前把手的大型儲物盒

食譜便利貼

下層

高的儲物盒放後排
矮的儲物盒放前排

芝麻

（注意：各種儲物盒應選擇透明款。）

地櫃的物品關鍵詞：重

地櫃的收納關鍵詞，
與吊櫃正好相反：

關鍵字：

重

鍋具

碗盤

備用調味料

米、麵、油

既笨重又大件

拿個東西
好麻煩啊～～

247

抽屜！還是抽屜！

還記得前面提到的，
附抽屜的地櫃有什麼好處嗎（見第 216～217 頁）？

一目瞭然

輕鬆拿取

對於那些笨重大件的地櫃物品而言，
聰明收納的重要工具就是：

抽屜！

有預算的話，
就設計**附抽屜**
的地櫃，
沒預算也沒關係，
想辦法**變通**就好！

巧用隔板，抽屜實力大增

即使你預算充足，家裡的櫥櫃皆附抽屜，這仍不等於高效收納，你還需要提升抽屜的真正實力：

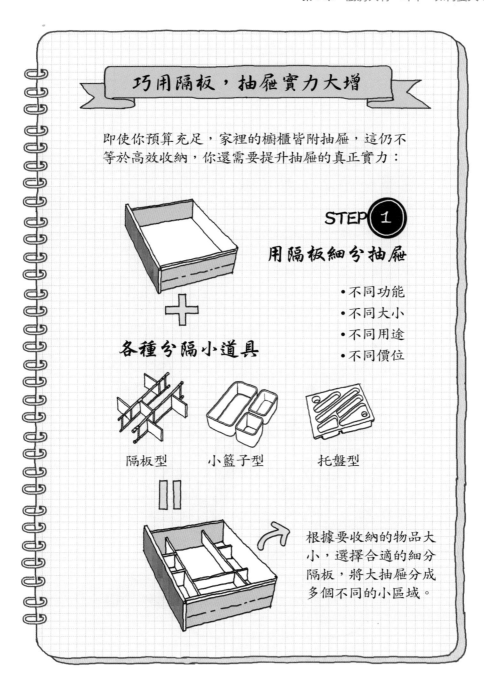

STEP **1**

用隔板細分抽屜

- 不同功能
- 不同大小
- 不同用途
- 不同價位

各種分隔小道具

隔板型　　小籃子型　　托盤型

根據要收納的物品大小，選擇合適的細分隔板，將大抽屜分成多個不同的小區域。

把物品立起來放，避免堆積

STEP ②

盡量把物品立起來放

「立起來放」——這是收納的最最最基本原則！

假設這裡疊了5、6個盤子，當你要取出綠盤時，就得先把上面的藍色盤子都移開。

抽屜細分之後，立著插入盤子不僅不易傾倒，取用時，任何一個盤子都可以輕易拿出。

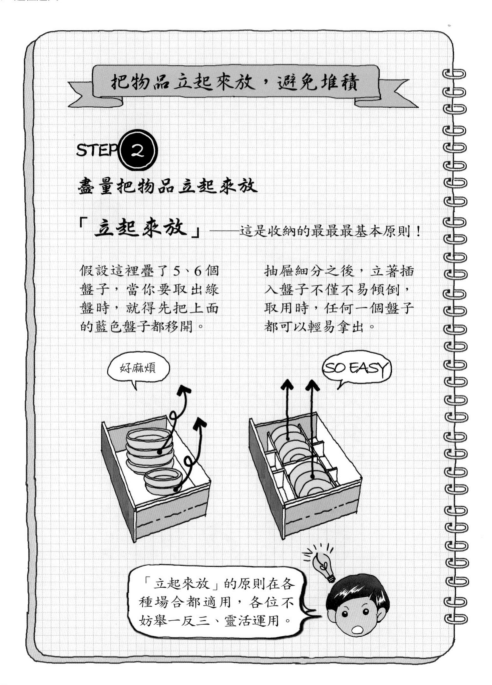

好麻煩

SO EASY

「立起來放」的原則在各種場合都適用，各位不妨舉一反三、靈活運用。

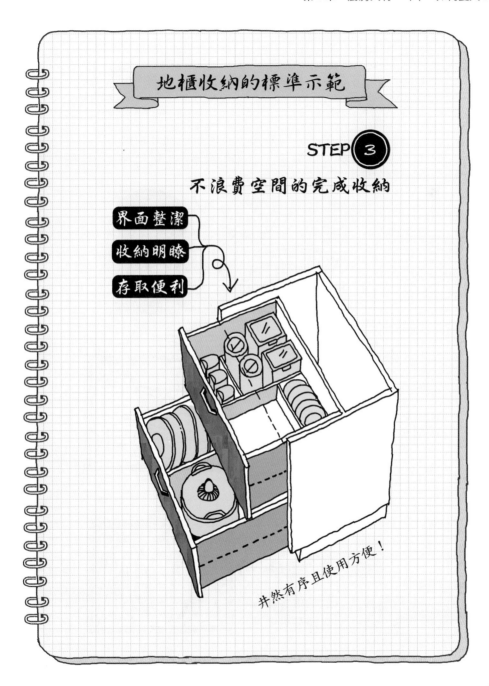

地櫃收納的標準示範

STEP 3

不浪費空間的完成收納

界面整潔

收納明瞭

存取便利

井然有序且使用方便！

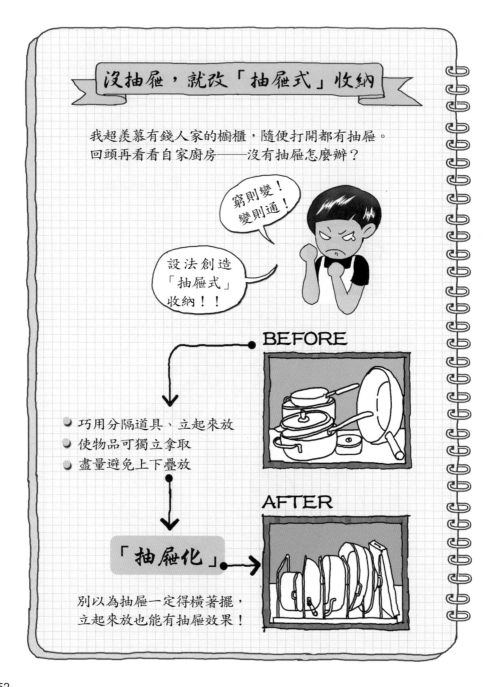

沒抽屜，就改「抽屜式」收納

我超羨慕有錢人家的櫥櫃，隨便打開都有抽屜。
回頭再看看自家廚房——沒有抽屜怎麼辦？

窮則變！
變則通！

設法創造
「抽屜式」
收納！！

BEFORE

● 巧用分隔道具、立起來放
● 使物品可獨立拿取
● 盡量避免上下疊放

AFTER

「抽屜化」

別以為抽屜一定得橫著擺，
立起來放也能有抽屜效果！

各種「抽屜式」收納的工具

各種可打造抽屜式收納的工具，很多地方都買得到。以下列舉幾種：

分層鍋架

可方便放置鍋子和鍋蓋，每一層的物品都可獨立輕鬆抽出。

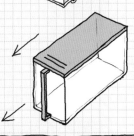

固定在側板上

滑輪儲物籃

放調味料、鍋具或食材均可。可一次多買幾個，既整齊又高效。

附把手的收納盒

地櫃和吊櫃均需選擇密封性高的收納盒，放入白米、麵粉都適合。

市面上的容器選擇百百種，讓人看得眼花撩亂。其實你只需牢記「整潔、明瞭、便利」三大原則，就地取材、活用工具，就能達到「手中無劍，心中有劍」的最高境界！

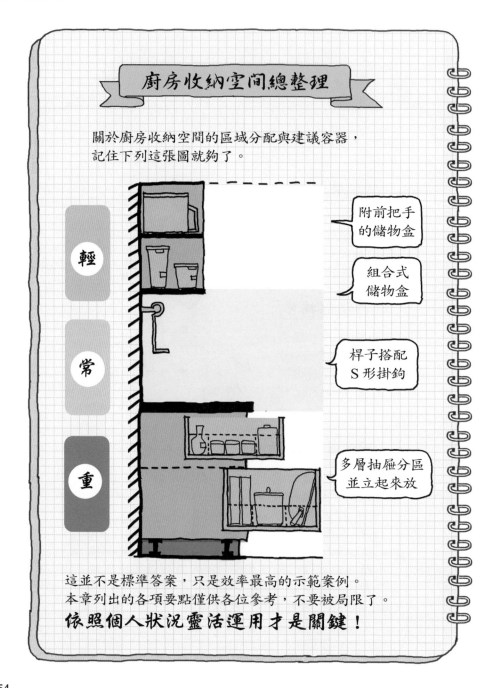

這並不是標準答案，只是效率最高的示範案例。
本章列出的各項要點僅供各位參考，不要被局限了。
依照個人狀況靈活運用才是關鍵！

用心打造一個高效率的廚房，
為自己和家人煮好每一頓餐點。

第 8 章

小房子
也能有衣帽間！
多買幾件不被唸
——把一平方公尺
變超級伸展臺

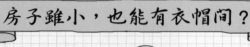

房子雖小，也能有衣帽间？

若能擁有一個「專屬自己的衣帽間」，試問哪個女人抗拒得了？

每次進行市場調查時，在「最想要擁有的空間」的排名中，衣帽間永遠名列前茅。

我當然也不例外，我也想要有個專屬自己的衣帽間！

可惜，我的家並不大，在室內格局上，實在沒有多餘的空間可以實踐。

我的主臥室只有一個大衣櫃，總長度僅2公尺。我和先生各用一半，屬於我的部分大概只有1公尺長。

身為一位年輕的職業婦女，僅有1公尺的雙門對開式衣櫃，也未免太寒酸。這甚至比我在大學住宿時的簡易衣櫃還小。

在小坪數空間裡，打造**一平方公尺**的衣帽間，真的辦得到嗎？

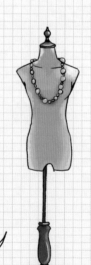

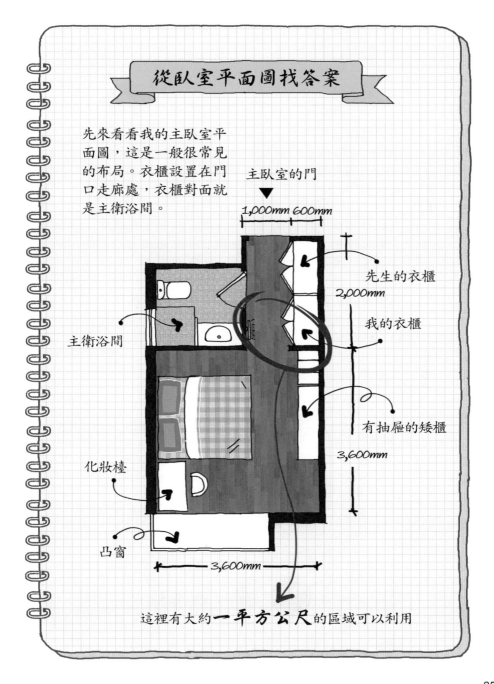

從臥室平面圖找答案

先來看看我的主臥室平面圖，這是一般很常見的布局。衣櫃設置在門口走廊處，衣櫃對面就是主衛浴間。

主臥室的門
▼

1,000mm　600mm

先生的衣櫃

2,000mm

我的衣櫃

主衛浴間

有抽屜的矮櫃

3,600mm

化妝檯

凸窗

3,600mm

這裡有大約**一平方公尺**的區域可以利用

掌握三大關鍵改造點

搬進這個家幾年來，這個小小的衣櫃我一直湊合著用。我的衣服不算太多（自認十分勤儉持家），但心裡還是盼望有天能住進大房子，好好享受超大衣帽間……。

直到幾年前，我的偶像——日本收納教主近藤典子老師推出了新書《打造一個井井有條的家》，拿到書之後，我迫不及待的一口氣讀完了！

書中傳授的各種觀點都很容易實踐，我突然有了靈感：「我也許可以試著改造家裡的主臥室，打造一個更便利的衣帽空間。」

不囉唆，說幹就幹！

三大關鍵改造點

1 人：最短動線

2 物：高效收納

3 光：改善採光

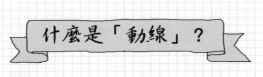

什麼是「動線」？

① 人：最短動線

所謂動線，簡單來說，就是人為了完成一系列動作所走的路。兩點之間直線最短，路線越是筆直不拐彎，效率就越高、花費的精力也就越少。

現代人體工學和建築學意義上的動線，最早出現在 1869 年的《家務哲學》。裡頭寫道：「設計廚房時，首先考慮的就是減少所需步數。」現代人可能很難想像，將近 150 年前，一個大而不便的廚房、各種簡陋的設備、十多個僕人，準備整個宅邸的晚餐，是多麼辛苦的事。因此走的路越少，意味著越高效省力。

直到今天，動線研究仍是減輕居住者生活和家務負擔的重要課題。即使一間小小的主臥室裡，早起必做的七件事，也隱藏了動線設計的大學問。

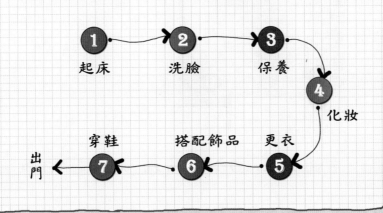

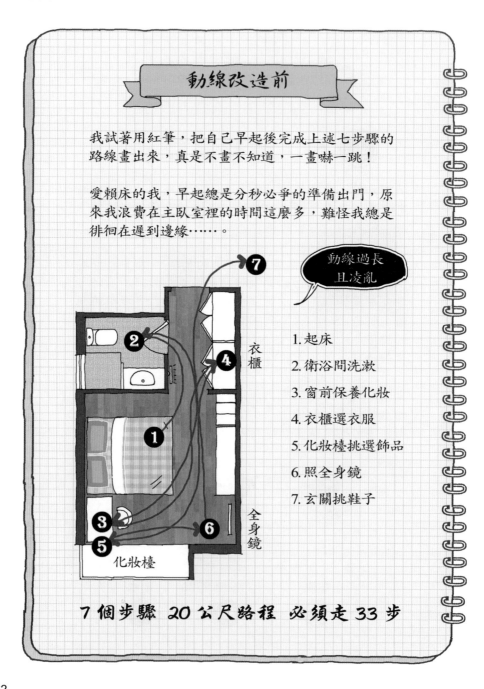

動線改造前

我試著用紅筆，把自己早起後完成上述七步驟的路線畫出來，真是不畫不知道，一畫嚇一跳！

愛賴床的我，早起總是分秒必爭的準備出門，原來我浪費在主臥室裡的時間這麼多，難怪我總是徘徊在遲到邊緣……。

動線過長
且凌亂

1. 起床

2. 衛浴間洗漱

3. 窗前保養化妝

4. 衣櫃選衣服

5. 化妝檯挑選飾品

6. 照全身鏡

7. 玄關挑鞋子

衣櫃

全身鏡

化妝檯

7 個步驟 20 公尺路程 必須走 33 步

動線改造後

調整

- 保養：從化妝檯轉移至衛浴間
- 全身鏡：從牆角移到衣櫃對面
- 飾品：從化妝檯移入衣櫃
- 鞋子：從玄關移到主臥室

雖然只是稍微挪動了一下物品位置，改變了生活小習慣，但效果奇佳！每天省事多了，就算晚起也不怕，5分鐘打扮完畢，以手刀姿態衝出門去！

**動線縮短
且精簡**

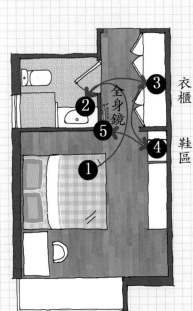

衣櫃

鞋區

全身鏡

1. 起床
2. 衛浴間洗漱後，
   接著保養、化妝
3. 衣櫃選衣服、挑飾品
4. 鞋盒區挑鞋子
5. 轉身照全身鏡

5個步驟　4公尺路程　只要走7步

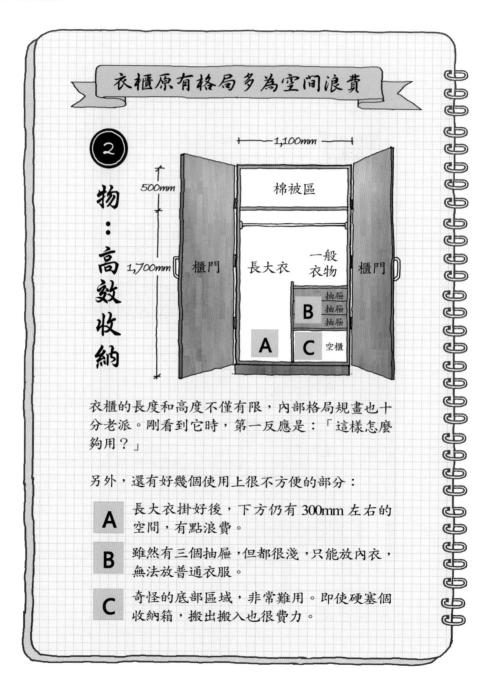

衣櫃原有格局多為空間浪費

2 物：高效收納

衣櫃的長度和高度不僅有限，內部格局規畫也十分老派。剛看到它時，第一反應是：「這樣怎麼夠用？」

另外，還有好幾個使用上很不方便的部分：

A 長大衣掛好後，下方仍有 300mm 左右的空間，有點浪費。

B 雖然有三個抽屜，但都很淺，只能放內衣，無法放普通衣服。

C 奇怪的底部區域，非常難用。即使硬塞個收納箱，搬出搬入也很費力。

拆光內部隔件，空間變大了

衣櫃中原有的層板、抽屜、側隔板，原本是為了使用便利而設計的，實際上卻約束了使用者，產生各種不便。

將就了好一段時間，我終於忍無可忍。利用某個週末下午，親自動手拆除！

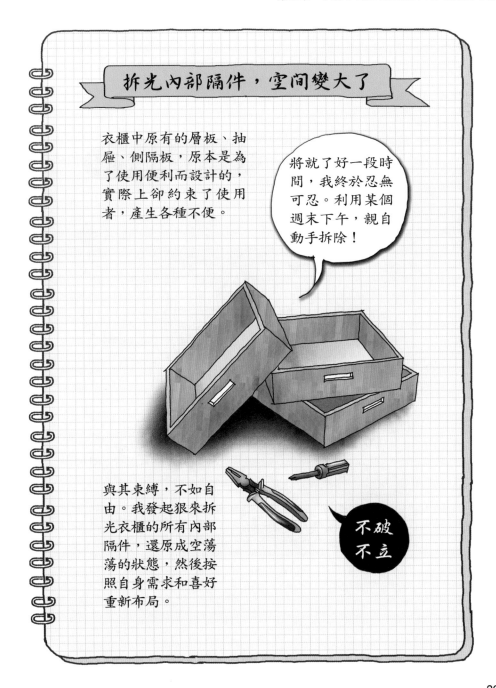

與其束縛，不如自由。我發起狠來拆光衣櫃的所有內部隔件，還原成空蕩蕩的狀態，然後按照自身需求和喜好重新布局。

不破不立

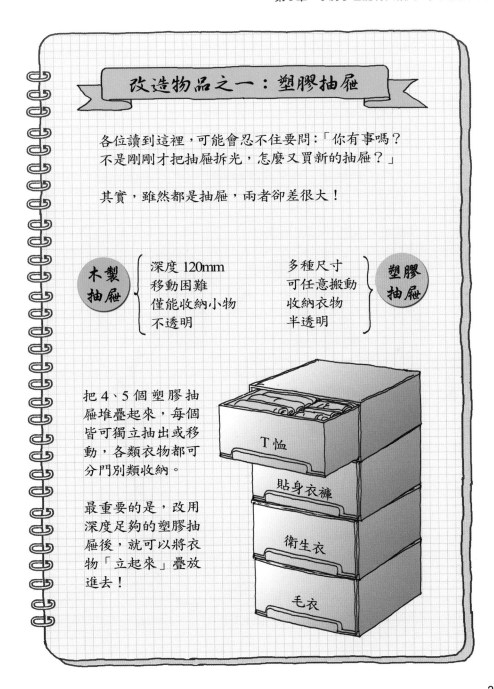

改造物品之一：塑膠抽屜

各位讀到這裡，可能會忍不住要問：「你有事嗎？不是剛剛才把抽屜拆光，怎麼又買新的抽屜？」

其實，雖然都是抽屜，兩者卻差很大！

木製抽屜
- 深度 120mm
- 移動困難
- 僅能收納小物
- 不透明

塑膠抽屜
- 多種尺寸
- 可任意搬動
- 收納衣物
- 半透明

把4、5個塑膠抽屜堆疊起來，每個皆可獨立抽出或移動，各類衣物都可分門別類收納。

最重要的是，改用深度足夠的塑膠抽屜後，就可以將衣物「立起來」疊放進去！

T恤

貼身衣褲

衛生衣

毛衣

讓衣服「立起來」的妙方

《怦然心動的人生整理魔法》是近幾年來非常暢銷的一本日本收納教科書。其中關於「立起來的衣服」的絕技，我早就躍躍欲試，可惜之前衣櫃內的木製抽屜太淺，不能立著收納衣物。

這回，我終於如願以償了！

哇，衣服真的可以自己立起來耶！

穩穩立起！

衣服「自立」，好處多多

只要好好摺疊，幾乎所有的衣服（無論多麼柔軟、形狀多麼不規則），都可輕鬆立起來放。

想讓衣服「自立」並不難，關鍵祕訣在於──摺好後，衣物從側面望過去，會呈現出「Ａ」字形摺痕的長條立方體。

平摺的衣服容易產生摺痕，但把衣物立著放就可避免這樣的問題。正確撫平且自立的衣服，就不容易產生摺痕！

承受總重

承受層層重壓
容易產生摺痕

皺巴巴

只有自己的重量

每件獨立存放
不會另外
承受壓力

平整清爽

Ａ

衣服立著放最大的好處，就是會讓你得到一個有如書架般整齊明瞭的衣櫃。

所有衣服都像書籍一樣整齊的縱向放入，就能一目瞭然、清爽工整！將衣物豎著插入抽屜或儲物盒，取放任何一件時，都不會搞亂其他衣物。

但最大的前提是，你必須選擇抽屜型的容器來存放。根據抽屜的高度、深度、寬度，將衣服摺疊成相應的長方體尺寸，是充分利用空間的關鍵。

善用分區工具，創造更多空間

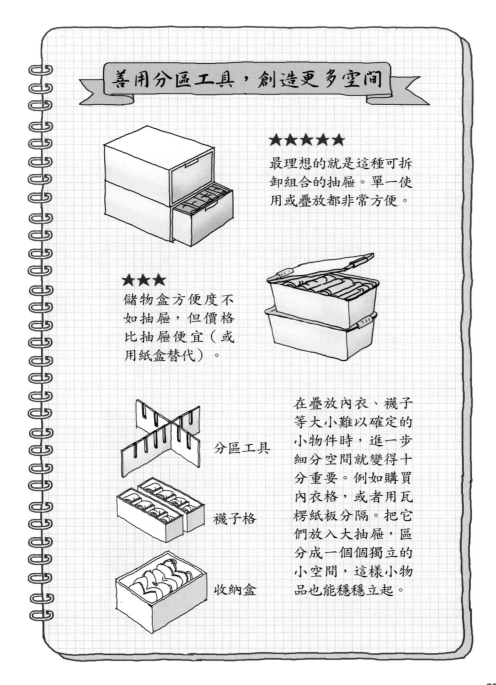

★★★★★
最理想的就是這種可拆卸組合的抽屜。單一使用或疊放都非常方便。

★★★
儲物盒方便度不如抽屜，但價格比抽屜便宜（或用紙盒替代）。

分區工具

襪子格

收納盒

在疊放內衣、襪子等大小難以確定的小物件時，進一步細分空間就變得十分重要。例如購買內衣格，或者用瓦楞紙板分隔。把它們放入大抽屜，區分成一個個獨立的小空間，這樣小物品也能穩穩立起。

改造物品之二：飾品收納掛袋

我的衣服不算多，但飾品配件卻不少。如何利用有特色的配件，讓整體裝扮更亮眼，是令我相當熱衷的一件事。

為了收納那些耳環、胸針、項鍊，這幾年我試過很多辦法。例如用夾鏈袋一件件分裝、買個桌上型首飾盒，甚至獨立的首飾櫃都曾試過。

可是，沒有任何一種讓我真心感到好用。它們確實收納了飾品，但在實際搭配衣服時，常常要快速更替、比較、選擇，而這些收納方式，都**無法讓人一眼看到所有飾品**，挑起來很不方便。

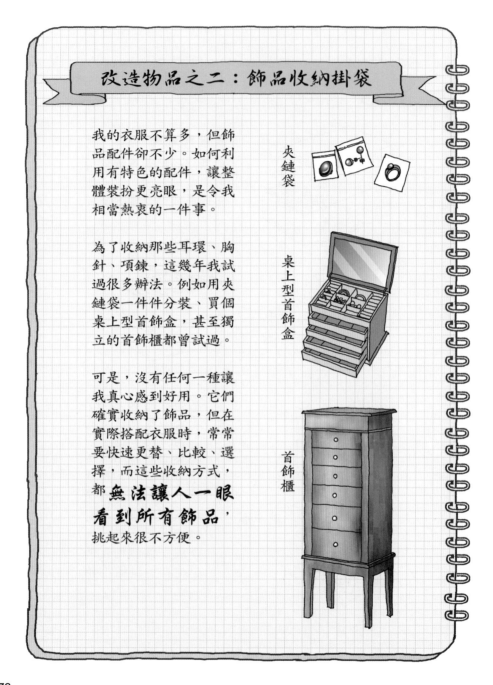

夾鏈袋

桌上型首飾盒

首飾櫃

直到這兩年，我才找到可以掛在櫃門內側的飾品收納神器！

那就是「不織布首飾掛袋」，正反面是兩種款式，正面有一層透明薄膜，裡頭是小格子，可以放胸針、耳環、戒指；反面則是魔鬼氈掛鉤，可以用來掛項鍊。我一口氣買下兩個，用螺絲固定在櫃門內側，左邊掛一個、右邊掛一個。

打開櫃子，兩側是所有的配飾、中間是當季的衣服，身後是全身鏡。一目瞭然、搭配輕鬆！

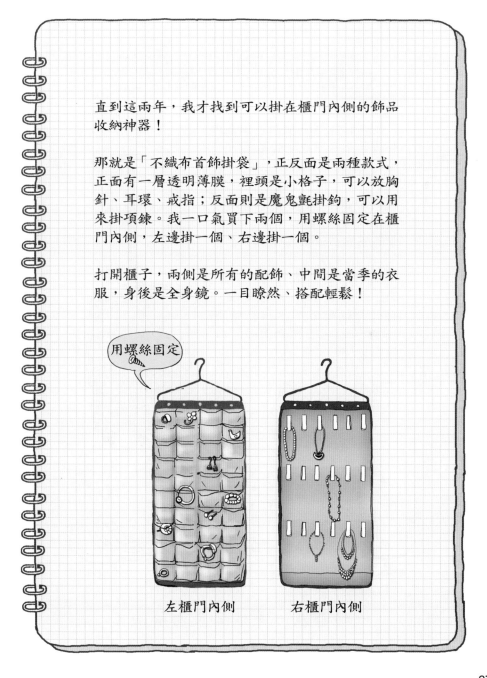

左櫃門內側　　　右櫃門內側

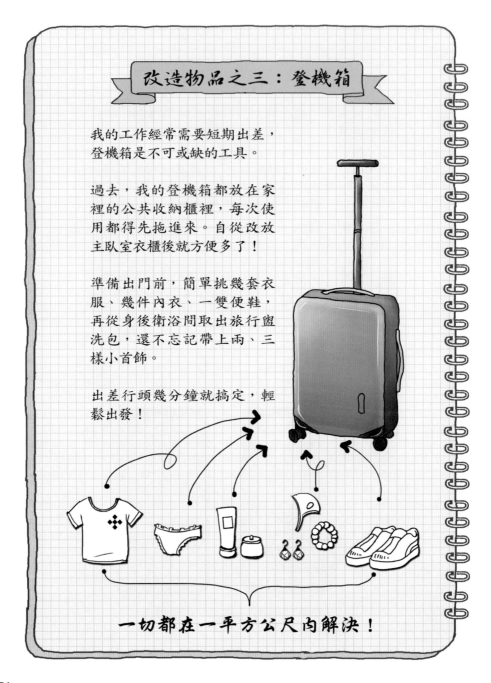

改造物品之三：登機箱

我的工作經常需要短期出差，登機箱是不可或缺的工具。

過去，我的登機箱都放在家裡的公共收納櫃裡，每次使用都得先拖進來。自從改放主臥室衣櫃後就方便多了！

準備出門前，簡單挑幾套衣服、幾件內衣、一雙便鞋，再從身後衛浴間取出旅行盥洗包，還不忘記帶上兩、三樣小首飾。

出差行頭幾分鐘就搞定，輕鬆出發！

一切都在一平方公尺內解決！

改造物品之四：待洗衣物籃

我家大約每隔幾週會乾洗一次衣服。以前每次送洗時都得先挑出要洗的，再用袋子裝起來，非常麻煩。於是這次改造時，我在衣櫃裡面放了一個**多用途待洗衣物籃。**

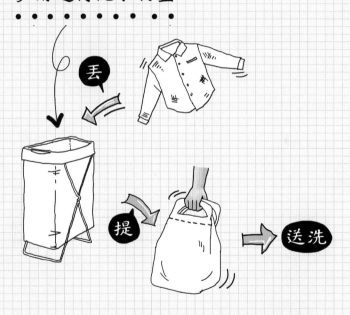

平時把待送洗的衣服直接扔進去，等堆了幾件之後，把內置袋子一拆、一拉，就是一個可輕鬆提上街的包包（也可用特大號購物紙袋替代）。

上班時，把裝著髒衣的袋子提著，順路送去乾洗店即可，省時又方便。

改造物品之五：掛燙機

只穿了一天，無須立刻洗滌的外衣，稱為：

「次淨衣」。

這種衣服你會怎麼處理？直接放回衣櫃？總覺得有點不太
衛生。一直掛在陽臺吹風？有可能一掛就忘了它的存在
（冬天尤其常見）。

我的推薦做法是：回家脫下外衣之後，馬上用掛燙機「刷」
兩下，不僅完成了消毒，更為下次穿衣時做好準備，保持
隨時可上陣的最佳狀態。

這件事雖然不難，但很容易偷懶。如果
掛燙機位置不便，或是平常一直摺疊收
納在箱子裡，就更懶得去用了。

為了督促自己每天堅持下去，掛燙機必
須擺在更順手的位置，越靠近衣櫃越好。
衣櫃附近如果事先預留了電源插座，就
再好不過了。

每天進屋脫下馬上燙，絕對不要猶豫拖
延。給衣服做個舒服的蒸氣浴，一分鐘
即可整潔如新。

越是方便，使用率就越高！

改造物品之六：布製鞋盒

我的鞋子原本放在玄關櫃裡，但為了實踐「最短動線原則」，我把鞋子全部移進了主臥室。

我沒有買專門的鞋櫃或鞋架，而是選用 IKEA 的白色布製鞋盒，以自然疊放的方式層層疊起。

這種布製鞋盒每個高 160mm，疊 5 層就有 800mm 高，和旁邊的櫃子差不多齊平。再加上兩者都是白色，視線上齊整和諧。

我一口氣買了 15 個鞋盒，這就是我一年所有鞋子的數量上限了。穿了不舒服的鞋子、太舊磨損的鞋子、超過一年沒穿過的鞋子，我都狠下心來全部丟掉。

想要買新的，必須先扔舊的。
我慢慢發現，這一招確實有效！

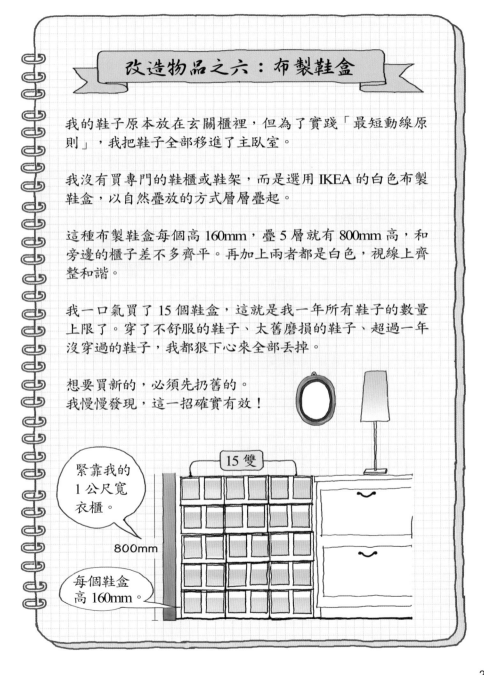

緊靠我的
1 公尺寬
衣櫃。

15 雙

800mm

每個鞋盒
高 160mm。

改造物品之七：明日行頭專用掛鉤

據說，女生出門前搭配行頭的時間平均為 10 分鐘。
挑、穿、脫、換，再加上鞋子和飾品的選擇、猶豫……
總之，像我這樣的賴床症重度患者，起床已經晚了，
穿搭還得花老半天，難怪天天遲到！

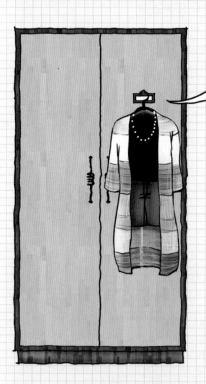

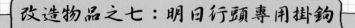
明日行頭

這裡告訴大家一個小
撇步：把附標籤的掛
鉤反過來朝上，用螺
絲固定在櫃門上，就
變成了「明日行頭專
用掛鉤」。

掛鉤距離地面大概
1,700mm 左右即可，
掛上衣服後剛好映照
在對面的全身鏡裡。

前一天晚上就提前準備好明日的穿搭，連衣服帶飾品
掛上、鞋子也配好。起床後就不用再浪費時間選擇，
直接穿上就出門！

燈光黯淡，人就憔悴

③ 光：改善採光

接下來，我們要進入第三個步驟——燈光改造。

就我過去這幾年的使用經驗，穿衣時最不方便的，就是照鏡子時的燈光。

在傳統設計理念中，光源一般來自頂燈，我的臥室也是如此。但當我面對鏡子，燈光卻照在背後，鏡中的臉會沒入陰影區，採光不足，導致看不清楚。

> 光線這麼黯淡，看起來好憔悴，我沒心情搭配了……。

我一直想改善這個問題，但當初裝修時並未預留電源位置，不知如何下手。

全身鏡

衣櫃

走廊頂燈

陰影區

279

自己動手做個鏡前燈

前一陣子，我買了一款網路上熱銷的鏡前燈，還特地挑了與鏡框接近的青古銅色，這玩意兒最大的特點是本身附有開關。

因為原本沒有預留電源位置，所以選擇直接走明線（電線不走牆內，直接裸露在外）。

這電線足足有5公尺長，穿過鏡子背面、沿著踢腳線（按：地面的輪廓線，有保護牆面的作用）走，一直延伸到床頭旁的插座。線雖然長，但不顯眼。自己動手用小零件將電線固定好。

安裝完成後，困擾已久的照明問題就解決了。

開關在這裡

床頭旁的插座

沿踢腳線
走5公尺

沿途用
小零件固定

光從正面來，照鏡亮閃閃

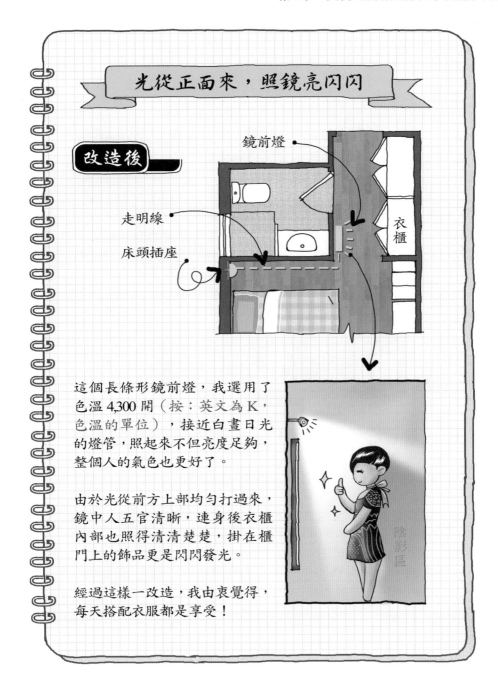

改造後

鏡前燈

走明線

床頭插座

衣櫃

這個長條形鏡前燈，我選用了色溫 4,300 開（按：英文為 K，色溫的單位），接近白晝日光的燈管，照起來不但亮度足夠，整個人的氣色也更好了。

由於光從前方上部均勻打過來，鏡中人五官清晰，連身後衣櫃內部也照得清清楚楚，掛在櫃門上的飾品更是閃閃發光。

經過這樣一改造，我由衷覺得，每天搭配衣服都是享受！

物品不在多，巧思搭配才妙

其實，我的主臥室有空間把衣櫃再加長 3,600mm。我也曾經以為遲早會需要補足這塊黃色區域，做一組巨型衣櫃。

然而，隨著年紀逐漸增長，我開始對於穿著有了更自信的眼光和更高的品味，於是我慢慢控制起自己的購物欲，也找到了適合自己的穿衣風格、飾品喜好。

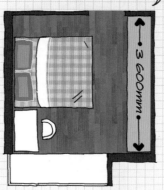

衣物不貴多，而貴在精。穿衣不再依賴高定價的單一商品，而要懂得巧思搭配。

多次篩減後，我的衣服、鞋子、包包數量已經減到最低。目前臥室的儲物空間不僅足夠，甚至還有兩成餘裕。衣櫃的角落裡，再也不會有被遺忘許久的衣服。

自此，打開衣櫃，每一件都是我精挑細選的成果，物我之間，用心即美。

一平方公尺衣帽間的花費

變自己＝無價！

塑膠抽屜（4 個）
約 1200 元

「明日行頭掛鉤」12 元

待洗衣物籃約 100 元

不織布飾品掛袋（2 個）
約 700 元

鞋盒（15 個）
約 1,400 元

鏡前燈 1,000 元

生活樣貌，
無關金錢，
品質無價。

衣帽間是女人寵愛
自己的地方。

只是，再大的衣帽
間，也裝不下每到
換季時就覺得衣櫥
少一件的女人心。

衣服、鞋子、包包，你永
遠不嫌多。

唯有貫徹「**少而精**」的原則：

少買點、買好的、買捨不得扔的、買看第二眼仍
喜歡的，才能保持家的整潔。

淘汰不適者、留下現在喜愛的，用心塑造自己的風格。

一平方公尺的衣帽間，我心足矣！

第 9 章

懶女人的化妝檯
—— 清潔保養化妝洗手一站完成

我很勤快？大家都謬讚了

由於平時我總談些收納、整理之類的話題，常常
會有不知真相的朋友對我說：

朋友

妳真勤快！

妳每天都打掃家裡
嗎？真了不起！

好佩服
妳喔！♥

哪裡哪裡～

此刻的我總是非常心虛，其實……

對不起，讓大家失望了。

——**我是個徹頭徹尾的懶女人。**

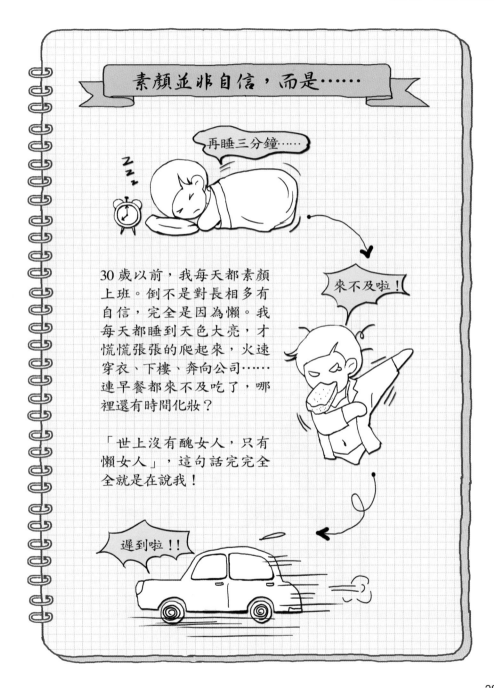

素顏並非自信，而是……

再睡三分鐘……

來不及啦！

遲到啦！！

30 歲以前，我每天都素顏上班。倒不是對長相多有自信，完全是因為懶。我每天都睡到天色大亮，才慌慌張張的爬起來，火速穿衣、下樓、奔向公司……連早餐都來不及吃了，哪裡還有時間化妝？

「世上沒有醜女人，只有懶女人」，這句話完完全全就是在說我！

中年女子重燃鬥志

時至今日，我已步入中年，不化妝出門簡直是傷風敗俗。於是，在好姊妹的監督下，我不得已的買了一批化妝品，還有模有樣的弄了個化妝檯。

並暗自下定決心：

今後**絕不偷懶**，每天都要**認真打扮**！

超齡少女也有公主心

我的主臥室有一個很大的對外窗,採光優良。於是很自然的,我把化妝檯擺在窗前。想像自己每天像個公主一樣,在晨曦之中打扮的唯美畫面⋯⋯。

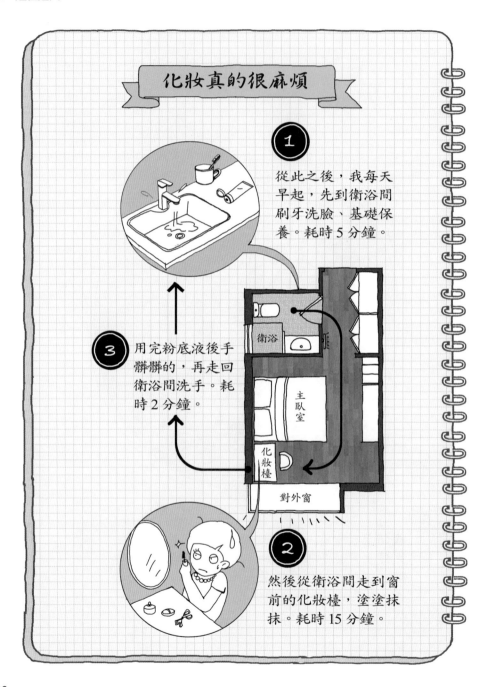

化妝真的很麻煩

1 從此之後，我每天早起，先到衛浴間刷牙洗臉、基礎保養。耗時 5 分鐘。

3 用完粉底液後手髒髒的，再走回衛浴間洗手。耗時 2 分鐘。

衛浴

主臥室

化妝檯

對外窗

2 然後從衛浴間走到窗前的化妝檯，塗塗抹抹。耗時 15 分鐘。

只有三分鐘熱度的愛美決心

第一週，我每天興沖沖的早起化妝。
第二週，有三天起床失敗，來不及化妝。
第三週，只有一天成功化妝出門。

一個月後，我徹底放棄了……。

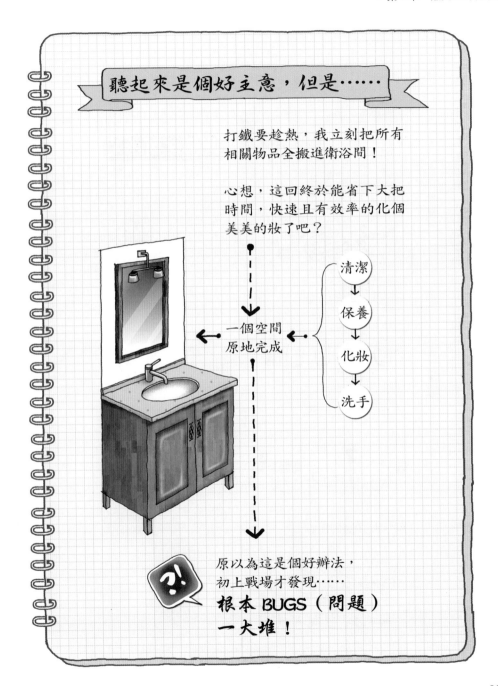

聽起來是個好主意，但是……

打鐵要趁熱，我立刻把所有相關物品全搬進衛浴間！

心想，這回終於能省下大把時間，快速且有效率的化個美美的妝了吧？

清潔
↓
保養
↓
化妝
↓
洗手

一個空間原地完成 ←

原以為這是個好辦法，初上戰場才發現……

根本 BUGS（問題）一大堆！

第一個麻煩

BUG 1 收納空間不足

原有 盥洗用品

＋ 基礎保養

＋ 各種工具

棉花棒

＋ 化妝用品

我房裡衛浴間的洗臉檯，
是多幾年前的簡單款式。
上方只有一面普通的鏡子
（而不是常見的鏡櫃）。
在此之前我只會在這裡刷
牙洗臉，用品都直接放在
檯面上。

沒想到把化妝品搬進來之
後，物品數量突然爆增！

瞬間爆滿！

雖然洗臉檯底下有一個小櫃子，但這個區域很容易受潮，每次拿東西都要彎腰，非常不方便，只能放些備用沐浴乳之類的，不適合放置高檔化妝品或保養品。

因此，我只能把瓶瓶罐罐全堆在洗臉檯上，亂七八糟的看起來非常不舒服，看了都快抓狂。

最教人頭痛的是，一洗臉水就會濺得整個檯面都是，事後要擦乾更是麻煩至極。

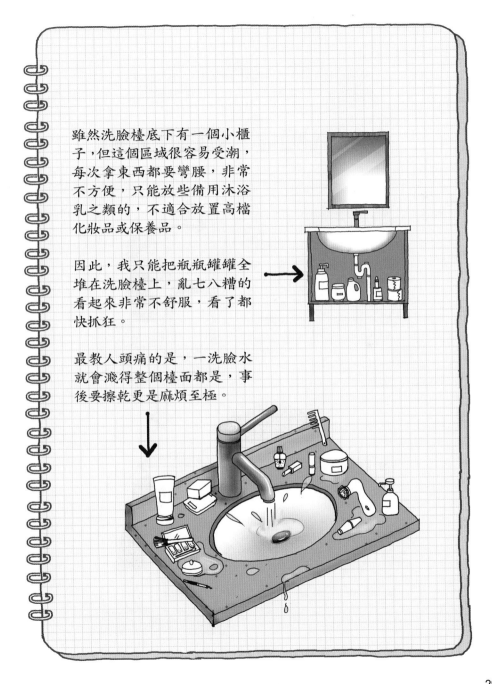

第二個麻煩

BUG 2　距離鏡子太遠

化妝檯鏡

化妝檯本身的深度大約400mm，人坐下後，臉部距離鏡子僅500mm。可以輕鬆看清楚五官細節，描眉、畫眼等精細動作也很容易操作。

500mm

400mm

太遠了啊‧啊‧啊‧啊～

洗臉檯鏡

衛浴間洗臉檯的標準深度為600mm。站著化妝時，人臉距離鏡子大約700mm。畫眼妝、唇線時，需要彎著腰、努力湊近才看得清楚。

700mm

600mm

第三個麻煩

BUG3　光線不夠亮

第三個令人頭疼的問題是光線。

我曾參觀過很多住戶的家，其中，絕大多數女性都和我之前一樣，把化妝檯安排在靠近主臥室窗臺的位置，關鍵原因是窗邊自然光充足。

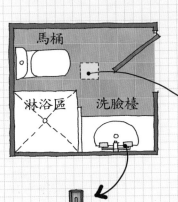

燈 1

燈 2

自從我改在衛浴間化妝後，只能靠人工照明。我臥房裡的衛浴間在裝修前，只有一個位於天花板正中央的頂燈。

後來裝潢時，我另外花錢調整線路，在洗臉檯前安裝了鏡前燈。

本以為，小小一個衛浴間有兩盞燈（既有中央照明，又有重點照明），應該夠用了。

沒想到，化妝時竟還是不夠亮 ?!

其一：光線角度不佳

只開頂燈時

頂燈位於衛浴間天花板中間位置，人站在洗臉檯前，燈光從身後高處打過來，剛好在臉部形成陰影，完全逆光，只有臉的邊緣亮但中間昏暗。

臉黑成這樣，我是包公嗎？

光線

開頂燈＋鏡前燈時

兩盞燈一起開時，鏡前燈從人臉部前方照明，有效消除了部分陰影。但兩燈都高於頭頂，會在眉骨、鼻子、嘴唇下方投下陰影，描畫細部妝容時非常困擾。

眼底陰影超重的，我又不是熊貓！

光線

其二：臉部照度不足

這兩種照明的光線不但角度不對，亮度似乎也不太夠，但到底是多不夠？光用感覺描述當然不準。

於是我花了點錢，從網路上買了一個專業級的照度測量計實地測量。

說明：以下數值為陰天開燈、人直立鏡前，臉部垂直地面時的照度。

只開頂燈時
43LX

開頂燈＋鏡前燈
198LX

（按：LX 為照度單位，勒克斯，每平方米 198 燭光。）

這這這……實在是弱爆了！建築學上 50LX 已經屬於低照度了。這連正常工作時需要的照度都達不到，更別談化妝了！

開了鏡前燈，照度明顯提升了，但仍不足 200LX，仍然未達描眉畫眼時需要的超強照度，更何況還有煩人的臉部陰影問題！

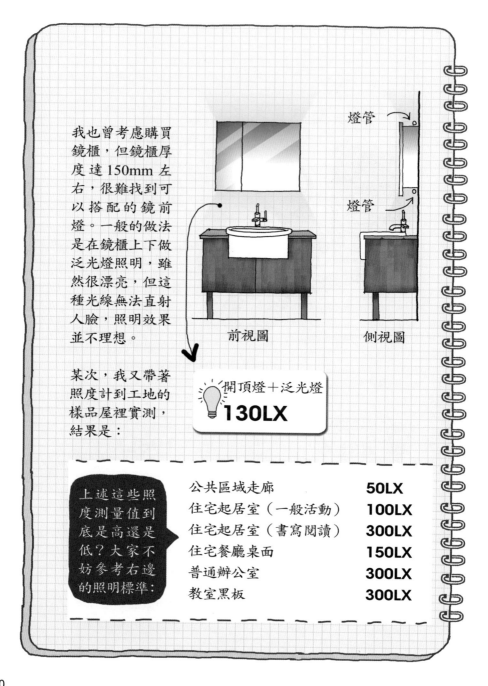

我也曾考慮購買鏡櫃，但鏡櫃厚度達 150mm 左右，很難找到可以搭配的鏡前燈。一般的做法是在鏡櫃上下做泛光燈照明，雖然很漂亮，但這種光線無法直射人臉，照明效果並不理想。

燈管

燈管

前視圖　　　側視圖

某次，我又帶著照度計到工地的樣品屋裡實測，結果是：

開頂燈＋泛光燈
130LX

上述這些照度測量值到底是高還是低？大家不妨參考右邊的照明標準：

公共區域走廊	**50LX**
住宅起居室（一般活動）	**100LX**
住宅起居室（書寫閱讀）	**300LX**
住宅餐廳桌面	**150LX**
普通辦公室	**300LX**
教室黑板	**300LX**

三個改造目標參數

既然下定決心攻克三大問題，那在動手改造前必須以相關理論為依據。

一方面，我總結了現狀的種種問題和不足；另一方面，我研究了專業化妝間的設計要求。

最後提出了三個
目標參數。

收納容量 30 個瓶罐以上 — 能收納盥洗、保養、化妝三步驟的多款瓶罐，以及各種小工具。

人鏡距離 400mm 最佳 — 人臉到鏡子的基本距離，可以輕鬆看清楚臉部細節。

臉部照度 350LX 且無陰影 — 專業化妝間照度要求原為 500LX，考慮到居家環境限制，我放寬標準至 350LX，但臉部絕不能產生陰影。

洗臉檯現在的問題

另外，原有的洗臉檯底下的櫃子已用了好幾年，陸續出現不少問題。我乾脆趁此機會一起改造！

問題 ①

水盆和檯面邊緣多用壓克力膠黏接。受限於潮濕，壓克力膠很容易發霉。不用除霉劑往往清不乾淨，雖然不難，但很麻煩。

黴菌君

問題 ②

使用幾年後，隨著壓克力膠老化，水盆邊緣開始輕微滲水。但滲漏點難找，櫃子潮濕難用。

問題 ③

洗臉檯櫃的收納空間雖大，但使用不便。一方面怕底層潮濕，只能放些閒置物品；另一方面，每次拿東西都要彎腰，非常累人。

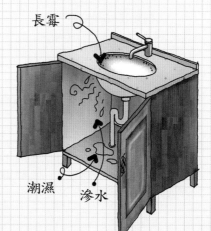

長霉

潮濕　滲水

303

來人啊！鬧外掛！

為此，我找了幾位同業好友當我的外掛裝置！

Z 先生

我的同事，專業又敬業的室內設計師，溫和低調的完美主義者。對產品細節要求之高，遠勝於我這個處女座。

H 先生

合作夥伴、家具設計大行家。永遠精力飽滿、活力充沛、工作極其嚴謹。我從他身上學到不少。

Y 先生

家具工廠的技術負責人，總是不厭其煩的替我們多次打樣。在很多細節上會主動出主意。

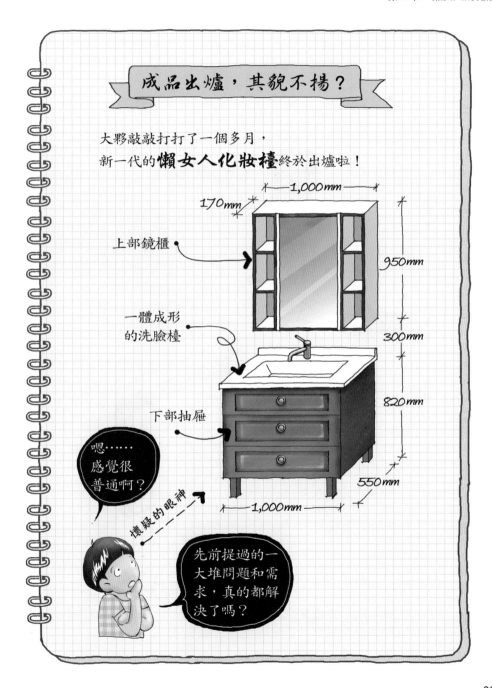

成品出爐，其貌不揚？

大夥敲敲打打了一個多月，
新一代的**懶女人化妝檯**終於出爐啦！

1,000mm

170mm

上部鏡櫃

950mm

一體成形
的洗臉檯

300mm

下部抽屜

820mm

嗯……
感覺很
普通啊？

550mm

懷疑的眼神

1,000mm

先前提過的一
大堆問題和需
求，真的都解
決了嗎？

第一關順利闖過

那麼，按照先前確定的三個目標參數，逐一檢查吧！

目標參數一：**收納容量** > 30個瓶罐

瓶裝啤酒
500 ml

235mm

75mm

參照物

雖然之前訂了「30個瓶罐」的標準，但沒說瓶子到底要多大。這次為了測試，我選了500ml的啤酒瓶為參照物——這其實有點誇張，畢竟化妝品和保養品的瓶子遠小於啤酒瓶。

洗臉檯上部鏡櫃兩側是開放式置物區，中間打開鏡門後是隱蔽置物區。

此鏡櫃共有三層寬1,000mm的置物層板，合計總置物長度約為：2,900mm。
（扣掉側板厚度）

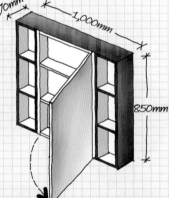

170mm

1,000mm

850mm

2,900 / 75 = 38瓶

PASS

這個算式只考慮單瓶一字排開的情況，如果前後兩排都計算，容量還會翻倍！

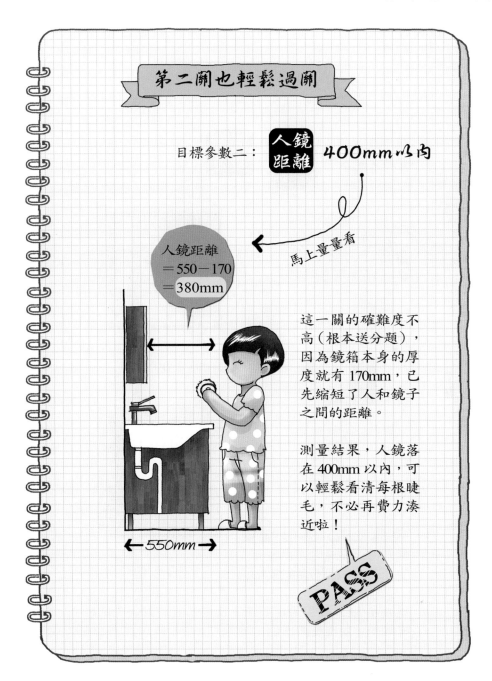

第二關也輕鬆過關

目標參數二：人鏡距離 **400mm以內**

馬上量量看

人鏡距離
＝550－170
＝**380mm**

←550mm→

這一關的確難度不高（根本送分題），因為鏡箱本身的厚度就有170mm，已先縮短了人和鏡子之間的距離。

測量結果，人鏡落在400mm以內，可以輕鬆看清每根睫毛，不必再費力湊近啦！

PASS

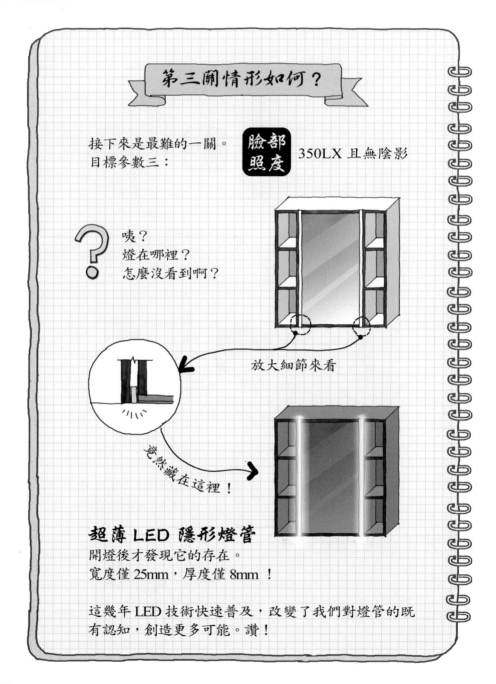

第三關情形如何？

接下來是最難的一關。
目標參數三：

臉部照度 350LX 且無陰影

咦？
燈在哪裡？
怎麼沒看到啊？

放大細節來看

竟然藏在這裡！

超薄 LED 隱形燈管
開燈後才發現它的存在。
寬度僅 25mm，厚度僅 8mm！

這幾年 LED 技術快速普及，改變了我們對燈管的既
有認知，創造更多可能。讚！

來自專業化妝間的靈感

這是我從專業化妝間得到的靈感，光源如果從人臉正前方打過來，就不會像頂燈一樣留下難看的陰影。

兩燈間距為 500mm，剛好是一個人站立時的空間大小。兩者光線相輔相成，側面陰影也得以消除。

傳統化妝間

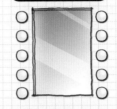

進　化

懶女人化妝檯

臉上無陰影

左側光　右側光

← 500mm →

照度充足

開頂燈＋鏡櫃燈
406LX

臉部照度實測值超過 400LX！燈管色溫 4300K，接近自然光，可真實呈現臉部色彩，再也不怕不小心把腮紅塗得像猴子的紅屁股啦！

三關全部
PASS

（按：類似的物件在 IKEA、宜得利都買得到，搭配組合即可。）

洗臉檯櫃也變超好用

把排水口從中間移到邊緣，並把集水盆改成方形緩坡，容量更大，排水更迅速。

嵌入式可拆卸皂盒，剛好位於排水口上方，用完肥皂後瀝水易乾。

下方收納空間，則由櫃門層板改為抽屜式。採用 U 型的抽屜型態，避開後方中央的排水管。收納空間與先前相比較為乾燥，不易受潮。

由原本的單層層板變成兩層抽屜，容量翻倍；收納物品為何，拉開抽屜就一目瞭然，取用十分便利。

這幾年一體成形的洗臉檯早已成為主流，在全無接縫的前提下，自然不會有壓克力膠發霉、日久滲水的隱憂。

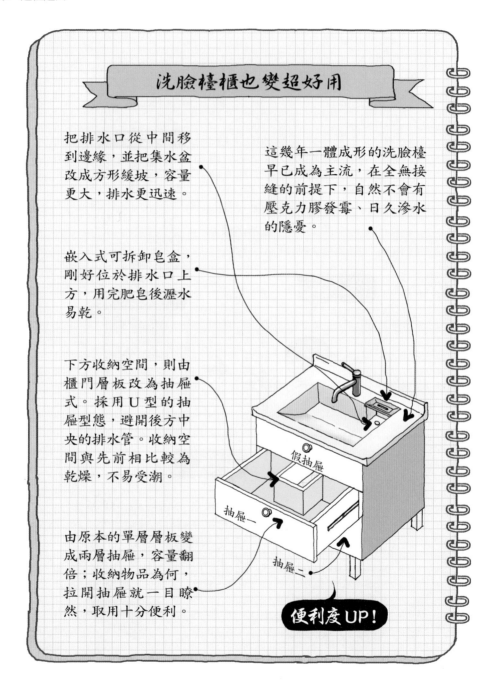

假抽屜

抽屜一

抽屜二

便利度 UP！

女性獨有的美好權利

當我把這個懶女人的化妝檯搬進衛浴間後，很快就發現這樣做的另一個好處——卸妝也變簡單了。

有時加班到很晚回來，甩掉高跟鞋，直接走進衛浴間，卸妝、洗臉、洗澡，全都在同一個空間完成，迅速舒緩一整天的疲倦。即使工作壓力再大，也能一夜好眠。

過去我曾堅信，素顏出門是種不向世俗眼光妥協的勇敢作為。但現在，每天在這個全新的化妝檯前化妝、卸妝，我才慢慢懂得，捨得花時間端詳鏡中的自己、享受生命中的每一天，是女性獨有的美好權利，不該輕言放棄。

畫上淡淡的妝，搭配自己風格的衣著，步伐輕盈的走出門——每天都是一個全新的開始。

我的懶病，
終於被這個全新的化妝檯**治癒了！**

第 10 章

家務十宗罪，
巧思加神器一次破解

——洗衣拖地樣樣煩，
教你把家事變好玩

居家生活，除了在客廳看電視、臥室睡大覺、廚房烹煮美食這些愜意的事情外，總還有些無法避免的苦差事：**做家事。**

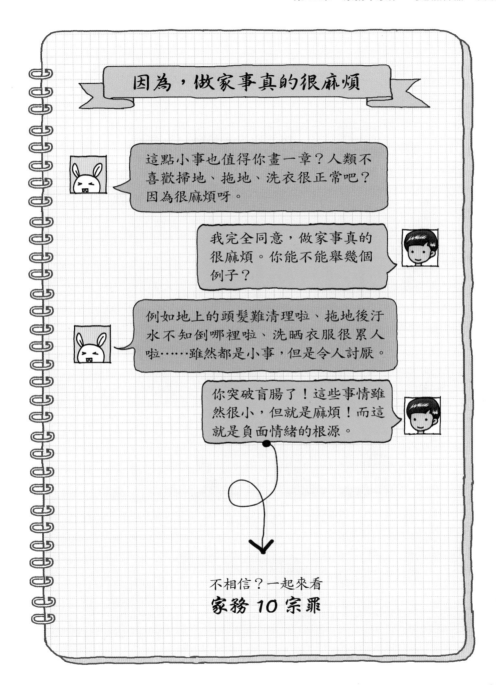

因為，做家事真的很麻煩

這點小事也值得你畫一章？人類不喜歡掃地、拖地、洗衣很正常吧？因為很麻煩呀。

我完全同意，做家事真的很麻煩。你能不能舉幾個例子？

例如地上的頭髮難清理啦、拖地後汙水不知倒哪裡啦、洗晒衣服很累人啦……雖然都是小事，但是令人討厭。

你突破盲腸了！這些事情雖然很小，但就是麻煩！而這就是負面情緒的根源。

不相信？一起來看
家務 10 宗罪

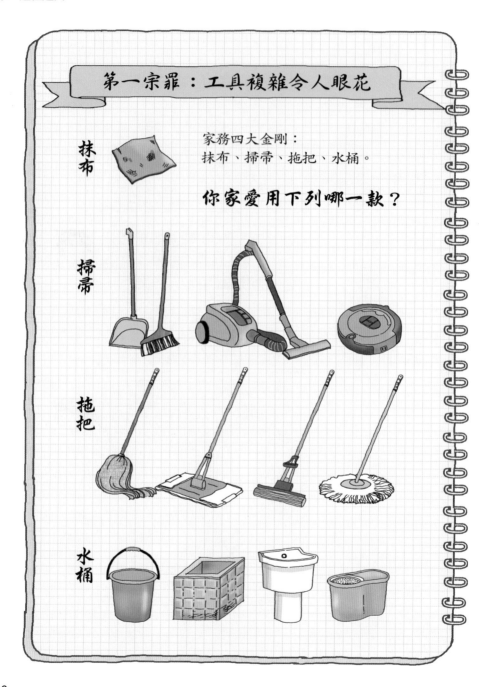

第一宗罪：工具複雜令人眼花

抹布

家務四大金剛：
抹布、掃帚、拖把、水桶。

你家愛用下列哪一款？

掃帚

拖把

水桶

第二宗罪：種類雖多，但功能大多相近

70％的家庭，
擁有兩支以上的拖把、
兩個水桶、兩支掃帚。

我媽媽原本買了支一百多元
的簡易拖把，我老婆後來又
買了一支高級脫水型的用來
拖客廳，舊的留著拖廚房。

一支拖陽臺用，室
內地板用另一支。

我家有三支拖把，因
為要乾溼分離，先拖
溼後再乾拖一遍。

我雖然買了吸塵器，但不
常用，大概每個月用一兩
次，平時大多用掃帚。

第三宗罪：乾濕處理配套不全

既然工具這麼多，那麼問題來了：
你平常都把它們放在哪裡？

在眾多家務中，掃地相對簡單，屬於「乾作業」。
而抹布清潔、拖地、洗衣則是「濕作業」，需要用
水（含沾濕、倒汙水及晾乾），因此，你會很自然
的把它們放在水龍頭或排水口附近。

但是，同樣是用水需求，相較於衛浴間和廚房這兩
處重點空間，家務工具的乾濕處理配套一直不受開
發商重視，因此演變成家家戶戶都會遇到的問題。

家家戶戶都有的問題：
家務工具乾濕配套不全

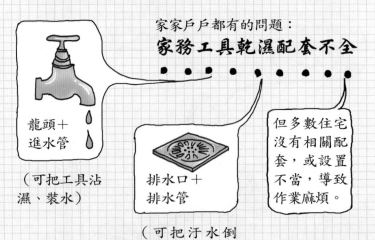

龍頭＋
進水管

（可把工具沾
濕、裝水）

排水口＋
排水管

但多數住宅
沒有相關配
套，或設置
不當，導致
作業麻煩。

（可把汙水倒
掉、晾乾工具）

第四宗罪：浴室糗變拖把展示間

存放打掃工具的家務區，比較理想的位置是**陽臺**。

但如果當初在設計時，陽臺上沒有預留水龍頭的位置，將給居住者帶來意想不到的大麻煩。

> 陽臺上沒辦法裝水，那我只好去衛浴間洗拖把和抹布了～

可是這樣一來……

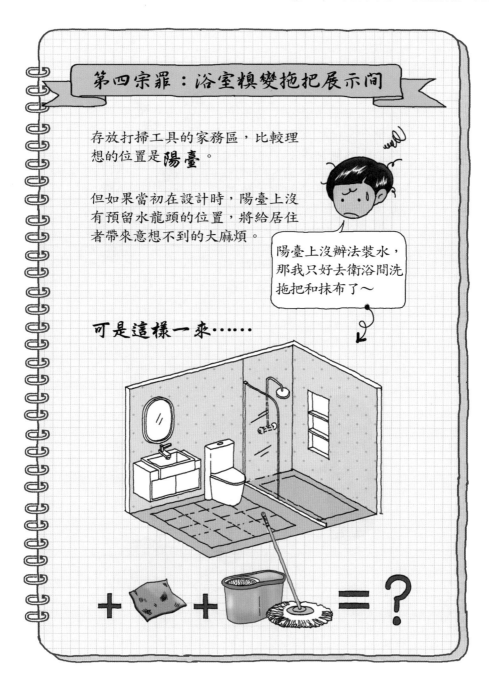

我拜訪過不少家庭，特別是小型住宅的衛浴間，裡頭的淋浴區已經夠窄小了，卻硬是塞了兩個拖把桶、兩個洗臉盆——我很難想像，他們每天是怎麼和拖把共浴的（超噁心）……。

衛浴間如果搞得這麼局促，怎麼讓人從沐浴中舒緩並獲得正能量呢？

還是洗拖把？

洗澡？

越洗越髒？

我為什麼要跟拖把一起洗澡？

禁

第五宗罪：馬桶兼做汙水桶

我家陽臺有水龍頭！問題解決了吧？

這其實只解決了開頭，還沒解決結尾呢！

如果你家陽臺沒有排水口，請問你用完的汙水要倒去哪裡？難不成直接把桶子抓起來往樓下灑嗎？這樣會被警察抓走喔！

有鑑於此，大部分人還是會乖乖提起水桶，走回衛浴間，把汙水倒進馬桶裡。

有沒有搞錯，最後還得走回衛浴間倒汙水？

然後，你或許就會順手**把水桶放在衛浴間**，再然後，衛浴間就逐漸淪落為**掃具間⋯⋯**。

第六宗罪：汙水雨水合流，不環保

也有腦筋轉得快的住戶，會買分流接頭來加工，將原本陽臺上的排水口（連接雨水下水道）改造成三合一的功能，但我並不鼓勵這種做法。

不推薦！NO！

① 雨水

② 洗衣汙水

③ 拖地汙水

這樣做雖然表面上解決了問題，卻會造成雨水和洗衣、拖地汙水合流，對環保很不利（雨水及汙水下水道為兩種系統，循環利用方式亦不相同）。

較為理想的做法，應該是從源頭開始分流，把汙水直接引入汙水下水道。

第七宗罪：一開門竟是家務區

歡迎光臨！

初次拜訪！

一進門會先看見入戶花園（指在大門與客廳之間，類似玄關的一個小花園）的住宅設計，過去比較常見（多見於舊式公寓或獨棟透天厝），有利通風採光。

近年來，由於住宅趨於小型化，入戶花園的面積也一再被壓縮，大多不到1坪。令人不解的是，竟有不少開發商會把取水點設置在這裡。

入戶花園決定了開門後對家的第一印象，兼有玄關的功能。而放置打掃工具、洗衣機等機具的「家務區」，本應設置在相對隱蔽的位置。

這種不良的取水點設計，使得很多家庭一進陽臺門就看到一堆拖把、掃帚、洗衣機、清潔劑……客人必須穿越重重阻礙才能進入客廳——溫馨不再，雜亂不堪！

怎麼一進陽臺門就看到這些東西？

第八宗罪：前後陽臺，雙重麻煩

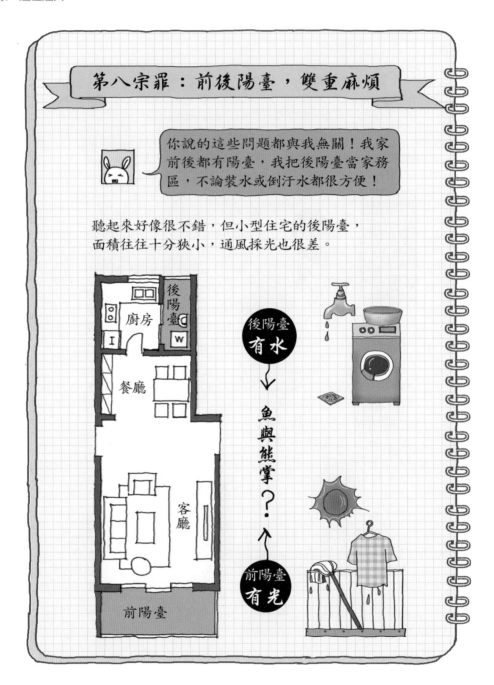

你說的這些問題都與我無關！我家前後都有陽臺，我把後陽臺當家務區，不論裝水或倒汙水都很方便！

聽起來好像很不錯，但小型住宅的後陽臺，面積往往十分狹小，通風採光也很差。

後陽臺
有水

魚與熊掌？

前陽臺
有光

廚房

後陽臺

餐廳

客廳

前陽臺

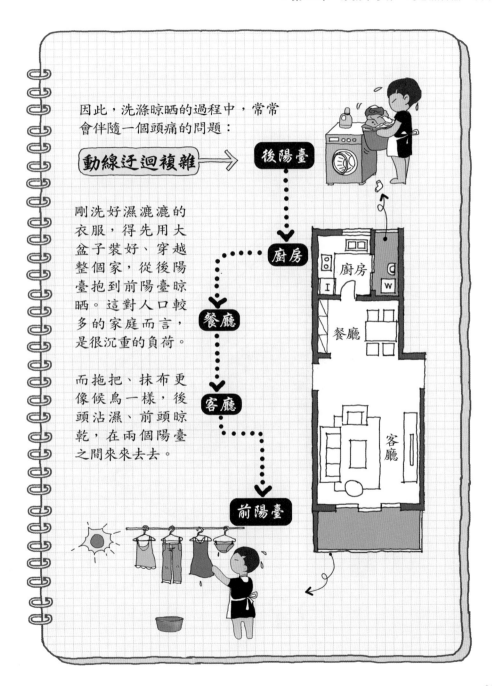

因此，洗滌晾晒的過程中，常常
會伴隨一個頭痛的問題：

動線迂迴複雜 →　後陽臺

剛洗好濕漉漉的
衣服，得先用大
盆子裝好、穿越
整個家，從後陽
臺抱到前陽臺晾
晒。這對人口較
多的家庭而言，
是很沉重的負荷。

而拖把、抹布更
像候鳥一樣，後
頭沾濕、前頭晾
乾，在兩個陽臺
之間來來去去。

廚房

餐廳

客廳

前陽臺

第九宗罪：工具全堆陽臺，醜陋不堪

既然雙陽臺動線迂迴，那我乾脆把兩者合而為一，做一個大陽臺，並設置水龍頭、排水管，衣服、拖把洗好之後原地晾晒——這樣總行了吧？

六個月之後？

➜ ？

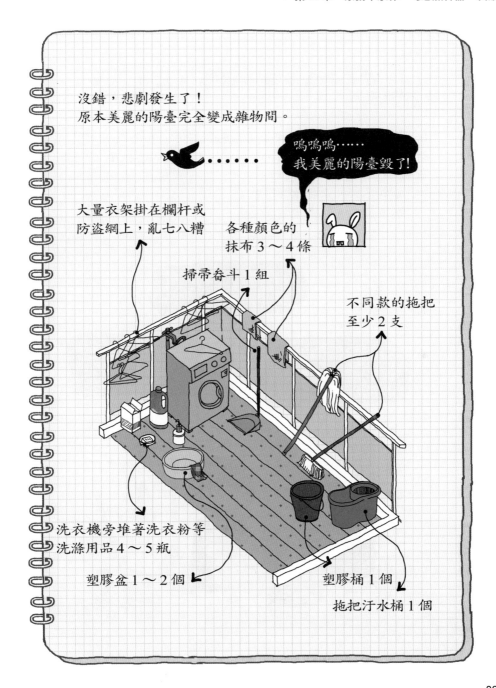

沒錯，悲劇發生了！
原本美麗的陽臺完全變成雜物間。

嗚嗚嗚……
我美麗的陽臺毀了！

大量衣架掛在欄杆或
防盜網上，亂七八糟

各種顏色的
抹布 3 ～ 4 條

掃帚畚斗 1 組

不同款的拖把
至少 2 支

洗衣機旁堆著洗衣粉等
洗滌用品 4 ～ 5 瓶

塑膠盆 1 ～ 2 個

塑膠桶 1 個

拖把汙水桶 1 個

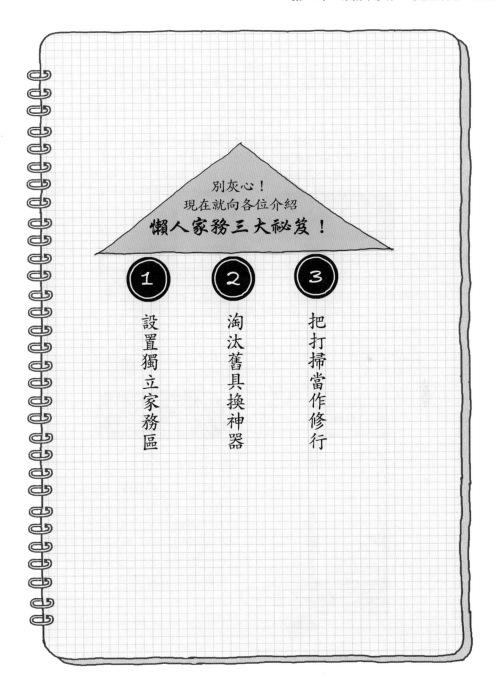

別灰心！
現在就向各位介紹
懶人家務三大祕笈！

1 設置獨立家務區

2 淘汰舊具換神器

3 把打掃當作修行

第一祕笈：設置獨立家務區

為了不汙染其他生活空間，家務區必須獨立且隱蔽。陽臺是最理想的區域，以下是我設計陽臺家務區時的個人喜好排序：

首選為朝南的長陽臺：

橫跨兩個房間的朝南長陽臺，可以自然劃分成三個區域。相對獨立又合而為一。不僅洗衣後可就地晾晒，也避免從客廳望向陽臺時，美景被衣服擋住。

其次是朝北的大陽臺：

若你家有雙陽臺，且朝北的（後）陽臺夠大、通風採光良好且無廚房油煙困擾時，可當作完整的家務區，就地洗滌、晾晒。前陽臺則完全拿來觀賞風景。

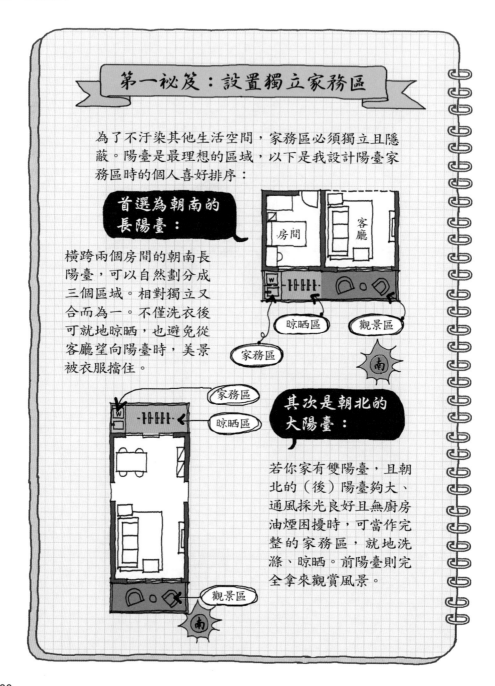

上述兩種陽臺設計的前提為，你家必須是較大的
住宅（至少需要 33 坪以上）。但大城市的房價
較高，一般人很難達到這樣的目標。

因此，我提供了第三種選擇：

僅有一個主陽臺
的小型住宅：

客廳

W　主陽臺

咦，就是一個普通
的觀景陽臺啊？
家務區在哪裡？

把鋁合金百葉門
打開看看！

在主陽臺旁另闢獨立空間，把掃具、洗衣機、晾衣架全放進去：

1 多功能空間，同時完成掃具存放、洗衣、晾晒。

2 實現動線最短化。

3 以百葉門形式加以遮蔽，獨立成區。

打開百葉門之後……

➤ 附門雜物吊櫃（或開放式置物架）

➤ 清潔用品可直接擺在層架上方便使用

➤ 拖把掛架

➤ 手洗檯

➤ 拖把汙水桶

➤ 地面墊高可避免積水

如果你家只有一個主陽臺，我強烈建議用鋁合金百葉門遮蔽家務區，否則你很難控管陽臺的整潔。要是少了這扇門，相信要不了多久，整個陽臺就會滿是家務工具（見第 327 頁），說多難看就多難看！

關門乾淨整齊
開門功能齊全

家務 　 休閒

髒亂 　 整潔

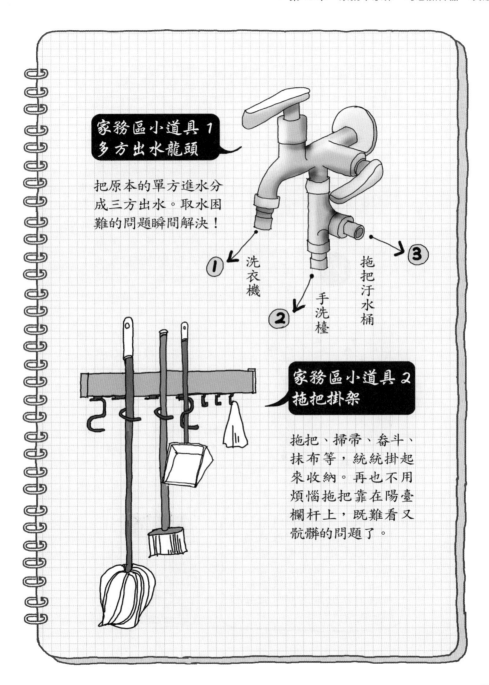

**家務區小道具 1
多方出水龍頭**

把原本的單方進水分成三方出水。取水困難的問題瞬間解決！

① 洗衣機

② 手洗檯

③ 拖把汙水桶

**家務區小道具 2
拖把掛架**

拖把、掃帚、畚斗、抹布等，統統掛起來收納。再也不用煩惱拖把靠在陽臺欄杆上，既難看又骯髒的問題了。

第二祕笈：淘汰舊具換神器

工欲善其事，必先利其器。

神器 1
超細纖維巾

普通纖維 VS 超細纖維
直徑 直徑
4μm 0.4μm

汙物

（按：μm 為微米）

普通纖維會把汙垢吸附到纖維內部，清洗後仍有殘留，害得毛巾逐漸變髒、變硬。超細纖維直徑僅為前者的十分之一，因此汙物只會稍微被吸附在纖維之間，輕輕鬆鬆就能清洗乾淨。

有八成以上的家庭，都會拿舊毛巾來當抹布。表面上看起來是廢物利用，但毛巾的材質真的不適合拿來當抹布──純綿線圈很容易髒；吸水性雖強但不易晾乾；纖維易脫落、越擦越髒。

因此，快把那條又髒、又乾、又硬、又擦不乾淨的舊毛巾給扔了吧！

隨便到超市或網路上頭花個 300 元左右，就能買到一包「超細纖維巾」。這才是抹布界中的超級戰鬥機、專業級的選擇！

每包 300 元

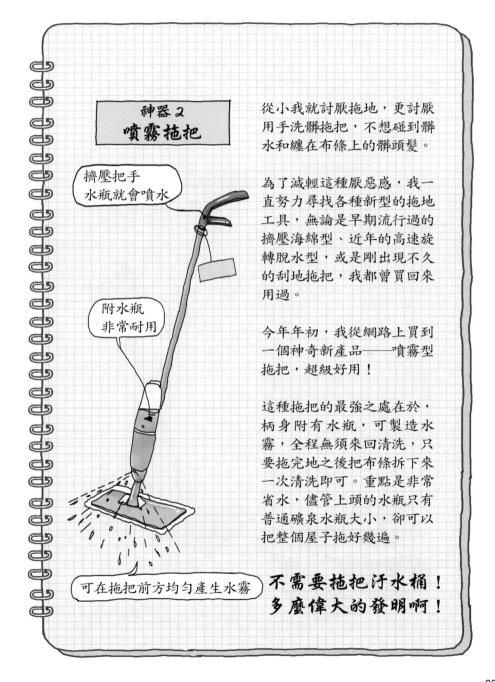

神器 2
噴霧拖把

擠壓把手
水瓶就會噴水

附水瓶
非常耐用

可在拖把前方均勻產生水霧

從小我就討厭拖地，更討厭用手洗髒拖把，不想碰到髒水和纏在布條上的髒頭髮。

為了減輕這種厭惡感，我一直努力尋找各種新型的拖地工具，無論是早期流行過的擠壓海綿型、近年的高速旋轉脫水型，或是剛出現不久的刮地拖把，我都曾買回來用過。

今年年初，我從網路上買到一個神奇新產品——噴霧型拖把，超級好用！

這種拖把的最強之處在於，柄身附有水瓶，可製造水霧，全程無須來回清洗，只要拖完地之後把布條拆下來一次清洗即可。重點是非常省水，儘管上頭的水瓶只有普通礦泉水瓶大小，卻可以把整個屋子拖好幾遍。

不需要拖把汙水桶！
多麼偉大的發明啊！

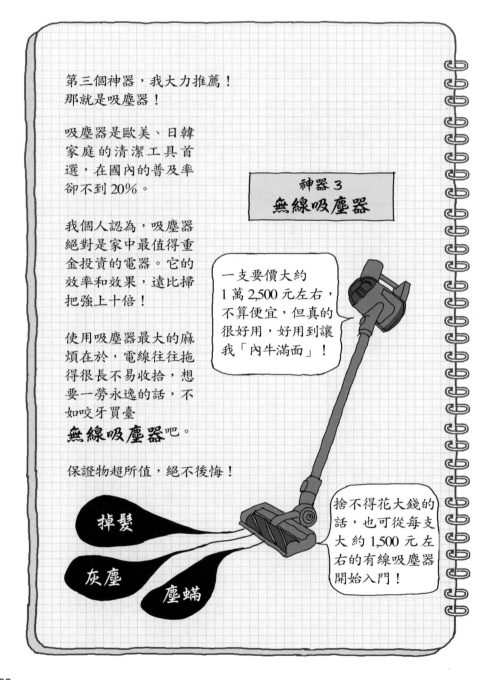

第三個神器，我大力推薦！
那就是吸塵器！

吸塵器是歐美、日韓家庭的清潔工具首選，在國內的普及率卻不到20%。

我個人認為，吸塵器絕對是家中最值得重金投資的電器。它的效率和效果，遠比掃把強上十倍！

使用吸塵器最大的麻煩在於，電線往往拖得很長不易收拾，想要一勞永逸的話，不如咬牙買臺**無線吸塵器**吧。

保證物超所值，絕不後悔！

神器3
無線吸塵器

一支要價大約1萬2,500元左右，不算便宜，但真的很好用，好用到讓我「內牛滿面」！

捨不得花大錢的話，也可從每支大約1,500元左右的有線吸塵器開始入門！

掉髮

灰塵

塵蟎

第三祕笈：把打掃當作修行

最後，也是最基本的祕笈要點：

把打掃家裡當作一種人生修行。

應該很少有人不愛洗臉或不
愛洗澡吧？

洗臉、洗澡不但能清潔身體，
更舒緩了心靈。古人所謂「沐
浴更衣」，本身就是充滿清
潔力量的宗教儀式。

家的清潔，也擁有同樣神奇
的魔力。

每天付出幾分鐘的時間，可
讓你得到光可鑑人的地板和
一個窗明几淨的家。

每個月半小時的清掃，表面上
看似在打掃房屋，實際則是
在整理、拂淨居住者的心靈。

工作一天後拖著疲憊的身體
回到家，那一瞬間，你的心
靈彷彿得到了療癒。

把疲倦感和壞心情全部沖走！

家是人生道場，打掃亦是修行。

後　記

從今天開始，
找回居住幸福

「這建議滿不錯的，留著下次裝修時參考！」
「等我買了自己的房子，一定試試～」
「等孩子長大、上小學以後，我就來重新整頓家裡。」

在我的微信公眾號「家的容器」上，經常收到這樣的粉絲留言。

一方面，我很感謝這些給我留言的熱情讀者；另一方面，我又覺得十分落寞。

因為，我認為自己並不只是在說房子、講裝修，更不只是談櫃子。

我之所以盡力去寫、努力去畫、積極更新，是希望喚起更多人對於「居住」這件事情的愛。

我見過太多的房子，價格從百萬元到上千萬元、面積從幾十坪到近百坪都有。然而真正能好好住、住得有品質的並不多。我所追尋的美麗的家，實在難尋。

你是否明白，「住」這件事，雖與房子有關，但並非絕對相關。最重要的，還是住在裡頭的人。

即使你有了更大的房子、更豪華的裝潢、更高科技的設計，也不過是擁有了升級版的硬體，它永遠無法替代裡頭的軟體——也就是居住者本身。

吃飯是本能，而美食是學問。
穿衣是本能，而時尚是學問。
居住是本能，而居住智商是學問。

居住智商如同情緒智商，並非與生俱來的天性，而要靠學習來提升。

有人說：「這太難了！這些都需要專業，我做不到。」但我想說的是，很多事情，不是你不能，只是你不想。

若是真心想要好好住，一定有很多辦法能讓你克服眼前的困難。

即使是租來的舊房、簡陋的家具、有限的資金，也不能磨滅熱愛生活的勇氣。

我最近經常在網路上搜尋相關的住家案例，每次看到「80後小夫妻，萬元改造出租屋」之類的新聞，簡陋無比的房子被居住者妙手改造為舒適的家，我都忍不住要大聲鼓掌，心裡暖暖的。

我曾在朋友圈裡問了一個問題：「你覺得你的住宅除了財產意義和歸屬感外，還能給你帶來別的

幸福嗎？」

　　其中一位回答：「當家裡很乾淨的時候，我覺得幸福。」

　　居住，就是這麼簡單的幸福。

　　無論房子大或小、租賃或自買，你都可以把它打掃得乾乾淨淨、收納得整整齊齊，用溫馨的飾品布置、點綴。夜晚，關上吸頂燈，點起小小的香氛蠟燭，在橘黃色搖曳的燈光中，慢慢把一天的心情沉澱下來。

　　凌亂骯髒的家，就算房子再大、再值錢，居住者也會被負面環境影響；乾淨整潔的家，就算只是一個臨時小窩，也會給予主人溫暖，每天多份回家的期盼。

　　「下次裝修再調整」、「等買了新房子再說」或許會給予生活改變的契機，但是一切的硬體設備或外在原因，都取代不了居住者的心。

　　你還在等待「哪天換了大房子再來改造」嗎？請不要再等了。

　　從今天開始，好好把握本來就屬於你的居住幸福吧！

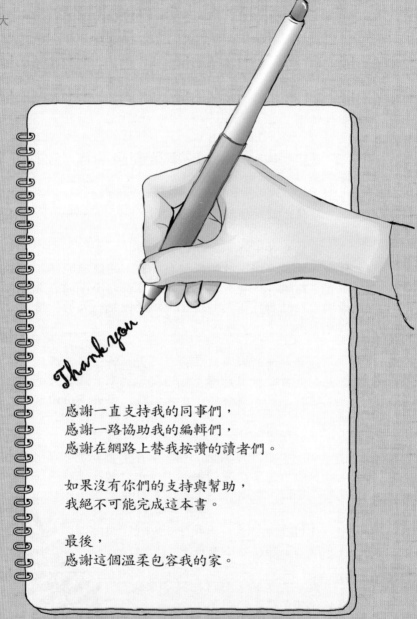

Thank you

感謝一直支持我的同事們，
感謝一路協助我的編輯們，
感謝在網路上替我按讚的讀者們。

如果沒有你們的支持與幫助，
我絕不可能完成這本書。

最後，
感謝這個溫柔包容我的家。

國家圖書館出版品預行編目（CIP）資料

小家，越住越大：高手幫家微整型，客廳永遠不亂、
廚房空間多 30%、小坪數也有衣帽間，玄關這樣設
計，隨你狂買鞋。／逯薇著

-- 二版 . -- 臺北市：大是文化有限公司，2022.01

352 面；17x21 公分 . --（EASY；108）

ISBN 978-626-7041-24-6（平裝）

1. 空間設計　2. 家庭布置　3. 居家收納

　422.5　　　　　　　　　　　　　　　110016514

EASY108

小家，越住越大

高手幫家微整型，客廳永遠不亂、廚房空間多30%、
小坪數也有衣帽間，玄關這樣設計，隨你狂買鞋。

作　　　　者／	逯　薇
美 術 編 輯／	林彥君
副　主　編／	馬祥芬
副 總 編 輯／	顏惠君
總　編　輯／	吳依瑋
發　行　人／	徐仲秋
會　　　計／	許鳳雪
版 權 經 理／	郝麗珍
行 銷 企 劃／	徐千晴
業 務 助 理／	李秀蕙
業 務 專 員／	馬絮盈、留婉茹
業 務 經 理／	林裕安
總 經 理／	陳絜吾

出　版　者／大是文化有限公司
　　　　　　臺北市100衡陽路7號8樓
　　　　　　編輯部電話：（02）23757911
　　　　　　購書相關諮詢請洽：（02）23757911 分機122
　　　　　　24小時讀者服務傳真：（02）23756999
　　　　　　讀者服務E-mail：haom@ms28.hinet.net
　　　　　　郵政劃撥帳號：19983366 戶名：大是文化有限公司

法 律 顧 問／永然聯合法律事務所
香 港 發 行／豐達出版發行有限公司
　　　　　　Rich Publishing & Distribution Ltd
　　　　　　香港柴灣永泰道70號柴灣工業城第2期1805室
　　　　　　Unit 1805, Ph.2, Chai Wan Ind City, 70 Wing TaiRd,
　　　　　　Chai Wan, Hong Kong
　　　　　　Tel：21726513　Fax：21724355
　　　　　　E-mail：cary@subseasy.com.hk

封面設計、內頁排版／林雯瑛
印　　　刷／緯峰印刷股份有限公司
出版日期／2022年1月二版
定　　　價／499元（缺頁或裝訂錯誤的書，請寄回更換）
Ｉ Ｓ Ｂ Ｎ／978-626-7041-24-6
電子書Ｉ Ｓ Ｂ Ｎ／9786267041239（PDF）
　　　　　　　　9786267041253（EPUB）

有著作權，侵害必究
Printed in Taiwan
ⓒ逯薇2016
本書中文繁體版由中信出版集團股份有限公司授權
大是文化有限公司在臺灣香港澳門地區
獨家出版發行。
ALL RIGHTS RESERVED